JN100070

Go言語
プログラミングエッセンス

mattn［著］

技術評論社

●本書をお読みになる前に

・本書に記載された内容は、情報の提供のみを目的としています。したがって、本書を用いた運用は、必ずお客様自身の責任と判断によって行ってください。これらの情報の運用の結果について、技術評論社および著者はいかなる責任も負いません。
・本書記載の情報は、2023年2月現在のものを掲載していますので、ご利用時には、変更されている場合もあります。
・本書で紹介するソフトウェア／Webサービスはバージョンアップされる場合があり、本書での説明とは機能内容や画面図などが異なってしまうこともあり得ます。

以上の注意事項をご承諾いただいたうえで、本書をご利用願います。これらの注意事項をお読みいただかずに、お問い合わせいただいても、技術評論社および著者は対処しかねます。あらかじめ、ご承知おきください。

●商標、登録商標について

はじめに

まず、本書をお手に取っていただいた方にお礼を申し上げます。

本書はプログラミング言語Goに興味のある方、Goを触ってみてGoをもっと知りたいと思う方に、筆者が知るGoを、あらゆる方向からお伝えする1冊になっています。本書を読んでGoをもっと好きになっていただければと願うばかりです。

筆者がプログラミング言語Goを知ったのは、Go 1.0がリリースされるよりも前、オープンソースとして公開された直後でした。ソースコードをコンパイルするプログラミング言語でありながら、WindowsでもUNIXでもmacOSでもほぼ同じソースを使うことができ、また高速に動作する、そんな特徴に心踊らされました。

さらには、Windowsで起き得る文字コードの問題やファイルシステムの問題といったWindows固有の問題にも、オフィシャルの開発者たちが積極的に対応し、限りなく他のプラットフォームと同じソースコードを使えるようにと努力してくれていることに、非常に感心しました。

Goに興味が湧いた筆者は、標準ライブラリのソースコードを読み、多くのパッチをGo本体に送りました。ベル研究所でUNIXを開発していたRob Pike氏やRuss Cox氏、gccコンパイラのリンカーを開発していたIan Lance Taylor氏、memcachedの作者であるBrad Fitzpatrick氏といった、筆者にとってヒーローとも言えるすばらしい開発者のみなさんに、自分が書いたパッチをコードレビューしていただいた体験は、筆者の開発者体験の中でも大きな思い出になっています。

筆者がGoにパッチを送り始めたあのころから比べると、Goはとても大きくなりました。機能だけでなくコミュニティも大きくなりました。日本でも多くの企業がGoを採用し、多くのシステムがGoで書かれています。筆者も業務で多くのシステムをGoで書いてきました。

なぜそこまでGoは、筆者やみなさんを魅了したのでしょうか。それはGoを採用した人たちそれぞれに別の答えがあると思います。もしかすると、本書を手にとったあなたは、まだGoにそれほど興味を持っていないかもしれません。そのようなみなさんに、少しでもGoの良さを伝えることができれば幸いです。Goがどのようにおもしろいのか、Goを使って何ができるのか、そしてさまざまな開発シーンでどのようにGoが活きてくるのか、本書で解説してみたいと思います。GoはC言語を意識して開発されたプログラミング言語であるため、本書にはいくつかC言語との対比や、C言語に関する知識が前提となっている記述がありますが、なるべくC言語をご存じない方にもわかりやすい解説を心掛けたつもりです。

なお本書で扱う内容は、本書執筆時点（2023年2月）での情報です。今後変更されることもあります。紹介したツールやライブラリなども非推奨になっている場合があるかもしれません。また、紹介するベンチマーク結果などもライブラリの改善により執筆後に結果が変わってくる可能性があります。あらかじめご了承ください。

2023年2月　Google Developers Expert Go, mattn.

謝辞

本書を執筆するにあたり、編集を担当して頂いた技術評論社さまに深く感謝いたします。また本書のレビューを担当して頂いた下記のみなさんに深く感謝いたします。

山口 能迪さん
武内 覚さん
KoRoNさん

著者について

mattn（まっつん）

さまざまなOSSにコントリビュートを行うITエンジニア。月刊誌「Software Design」にて連載記事「Vimの細道」のほか、Vim、Go言語に関する記事を多数執筆。共著に『みんなのGo』。Google Developers Expert（Go）。

Twitter：@mattn_jp
GitHub：https://github.com/mattn
Blog：https://mattn.kaoriya.net/

目次

第2章 開発環境の準備 13

第3章 基本的な文法 21

第10章 GoによるWebアプリケーション開発 247

第11章 GitHubでの開発における勘所 271

第12章 データベースの扱い方 287

第13章 Goとクラウドサービス 303

第 1 章

プログラミング言語 Goとは

本章では、プログラミング言語Goがどのような言語なのかを説明します。Goの簡単な歴史、プログラミング言語としての立ち位置、利用される場面、そして教育用途としての利用方法などを解説します。

1.1 Goの簡単な歴史

いろいろなソフトウェアがOSSとして提供されるのが当然になってきたころ、Goは登場しました。

Goはもともと、Google社内のプログラミング環境を改善する目的として開発されたプログラミング言語でした。

Goの開発には、C言語を設計した世界的なエンジニアで知られるKenneth Lane Thompson氏（通称Ken Thompson)、UNIXの開発者でありUTF-8の発案者でもあるRobert C Pike氏（通称Rob Pike)、高速なJavaScriptエンジンV8の開発者でもあるRobert Griesemer氏など、著名な人物が携わっています。C言語の構文を意識しつつ、より簡素な文法でコーディングできるように設計されています。

実際にGoは、Googleの本番システムの一部で使用されており、多くの有名な企業やオープンソースプロジェクトでも使用されています。

Goを使っている企業の一部を紹介すると、Google、PayPal、American Express、Dropbox、Cloudflare、Facebook、Microsoft、Netflix、Salesforce、Twitter、Uberなどがあります。日本の企業であれば、クックパッド、サイバーエージェント、サイボウズ、ディー・エヌ・エー、はてな、LINE、メルカリ、楽天、さくらインターネット、Yahoo! JAPAN、ZOZOなど、紹介しきれないほどあります。このほか、みなさんも恐らく一度は名前を聞いたことがあるであろう有名な企業のシステムの一部で、Goは使われています[注1.1]。

Goは2009年11月10日に公開され、2012年3月28日にバージョン1.0がリリースされました。当初のGoが目指すところは以下のようなものでした。

- JavaやC++のような静的型付け言語で、巨大なシステムでもスケールする
- 動的型付け言語のように生産性が高く、可読性も高い
- IDE（統合開発環境）を必要としない（ただしサポートはする）
- ネットワーク処理が多重実行できる

おもしろい話としては、Goというプログラミング言語を新たに設計したモチベーションに関して、Goを設計した3名全員が「C++が好きではなかったから」と言ったそうです[注1.2]。

注1.1 https://github.com/golang/go/wiki/GoUsers
注1.2 https://commandcenter.blogspot.com/2012/06/less-is-exponentially-more.html

1.2 Goの立ち位置

現代でもたくさんのプログラミング言語が存在しますが、昔からプログラミング言語はいくつも存在していました。ハードウェアの進化とともに、その時々のハードウェアを利用するための手段として新たにプログラミング言語が生まれ、利用されてきました。

しかしソフトウェア技術の進化に伴い、ユーザーから望まれるシステムは次第に高度となり、ソースコードも比例して複雑になってきました。既存のプログラミング言語は、それが開発された当時のハードウェア専用に設計されたものであり、新しく登場したハードウェアにはマッチしないこともしばしばありました。当然ながら、それらは最新のCPU命令やマルチコアをサポートできない、または有効活用できず、そういったプログラミング言語を使うことで開発者の生産性が落ちてしまうこともありました。

現代ではマルチコアCPUや巨大な主記憶装置、膨大な規模のディスクストレージを搭載するハードウェアも見られるようになってきました。個人がこのようなハードウェアを所有していることも珍しくありません。マルチコアCPUや、大規模記憶装置（メモリやディスク）の要件にマッチすべく誕生したのがGoなのです。

Goを少しでも触ったことがある方であればわかっていただけると思いますが、Goはほかのプログラミング言語に比べると、とても「愚直で頑固」です。横着をすることができず、慣用句のようにお決まりのフレーズを書くことを要求される場面もあります。また一部の文法も独特で、以下のようなルールが存在します。

- シンボルを公開するには名称の先頭を大文字にする
- ソースコードのインデントにはタブ文字を使う
- コードフォーマッタは標準のものを利用し、形式の変更はできない
- 例外（exception）がなくerrorオブジェクトを常に呼び出し元に返す

こういった一見、縛りとも思える言語仕様が肌に合わない人も実際にいます。しかしながら、これらにはちゃんと理由があります。言語を簡素に保つことでGoを使う開発者の間でもブレが起きないよう、かつ単純な方法でプログラミングできることを優先したのが現在の仕様です。

さて、Goはどのような環境で利用されているのでしょうか。**表1.1**に執筆時点でGoがサポートしているOSとCPUアーキテクチャを示します。

表1.1 GoのサポートするOS/CPU

OS	CPU
AIX	ppc64
Android	386、amd64、arm、arm64
DragonFlyBSD	amd64
FreeBSD	386、amd64、arm
illumos	amd64
iOS	arm64
js	wasm
Linux	386、amd64、arm、arm64、ppc64、ppc64le、mips、mipsle、mips64、mips64le、riscv64、s390x
macOS (darwin)	amd64、arm64
NetBSD	386、amd64、arm
OpenBSD	386、amd64、arm、arm64
Plan9	386、amd64、arm
Solaris	amd64
Windows	386、amd64、arm、arm64

※表中の表記は環境変数GOOS、GOARCHに指定する値に則っています（詳細は第4章）

多くのOSとアーキテクチャをサポートしているのがわかります。GoではこれらのOSやCPUアーキテクチャ向けの実行形式のバイナリファイル（実行ファイル）を生成する際、専用の環境を用意することなくコンパイルすることができます。たとえば、Linux上でWindows向けの実行ファイルを生成することもできます。

Goに関する多くの情報はオフィシャルサイト[注1.3]から確認することができます。オフィシャルが開発しているコンパイラとしては、GC（Garbage Collectorとは別もの）と呼ばれるオリジナルのGoコンパイラのほかに、gccgoと呼ばれるgccフロントエンドも存在します。こちらはgccがサポートするすべてのプロセッサに対応しています。

さらには、マイクロコントローラやWebAssemblyといった組み込み用途の実行ファイルを生成できるTinyGo[注1.4]というコンパイラも存在します（GC自身も別の実装方法でWebAssemblyをサポートしています）。

以降の解説では、とくに明記しない限りはGC、つまりオフィシャルサイト（注1.3URL）からダウンロードできるGoコンパイラのバージョン1.20を使って説明します。

注1.3 https://go.dev/
注1.4 https://tinygo.org/

1.3 Goが利用される場面

さて、Goを使うとどのようなことができるのでしょうか。ソフトウェア開発プラットフォームGitHubに置かれている、Goを使ったプロジェクトの多くを大別すると、おおよそ以下にまとめられます。

- CLI (Command Line Interface)
- TUI (Text User Interface)
- Webアプリケーション

CLIはfindやgrepといったコマンドライン形式のプログラムを指します。一方TUIは、キャラクタ(文字)を使用してGUIのようなユーザーインターフェースを提供し、ボタンやテキスト入力、グラフ描画などを行うプログラムを指します。

Goはこれらのプログラムを作るのに向いているとよく言われています。いったいどのような理由でそう考えられているのでしょうか。

標準でUTF-8をサポート

最初に挙げられるのが、処理系としてUTF-8を標準で扱えることでしょう。

C言語は各プラットフォームに提供されたCコンパイラに依存し、サポートしているエンコーディングが異なります。Windowsに限ってはソースコード内に記述される日本語メッセージをShift_JISで書かなければいけないコンパイラもいまだに存在します。C言語は標準では内部エンコーディングは規定されておらず、マルチバイト文字を扱うのであればwchar_t型を用いてプログラミングする必要があります。wchar_t型を使って処理するためには画面表示やファイルI/Oなど、すべての入出力処理に関してワイド文字向けの関数(Windows API)を呼ばなければなりません。

GoはデフォルトでUTF-8をサポートしているため、ソースコードがUTF-8で記述されていたとしても、Windowsでのコンソール出力やファイルI/Oで問題が起きることはありません。

なお、最近でこそ多くのプログラミング言語がUTF-8を標準でサポートしていますが、Goが登場した2009年ごろ、サポート対象としているすべてのOSをUTF-8で統一できていたプログラミング言語は希少でした。

マルチプラットフォーム

次に挙げられるのがマルチプラットフォームを意識したビルドのしくみと標準ライブラリです。

C言語では、標準ライブラリとはいっても特定のプラットフォーム向けには一部の機能が提供されていないことも多く、開発者を悩ませる問題がいくつか存在します。Goではそういった各プラットフォームに提供されるべき機能が極力、差異のないように標準ライブラリとして実装されています。Linux、Windows、macOSなど異なる環境向けでも、開発者がプラットフォームの違いをあまり意識することなく、同じソースコードを同じ手順でビルドし、ファイルI/Oやネットワーク通信といった処理を実装することができ、かつそれらが同じ動作になるように実装されています。

並行処理の扱いやすさ

Goの代名詞と言えるのが並行処理でしょう。一般的なプログラミング言語の多くは、スレッドを使って並行処理を実現しています。スレッドはOSが提供している機能で、手軽にマルチコアを利用できる手法ですが、その代わりにうまくプログラミングしないと安全ではない処理が実行されてしまう問題があります。

たとえば、1つの変数を複数のスレッドから更新するようなケースでは、どのような結果になるかは保証されません。また、スレッドを使うことでプログラミングが極端に複雑になります。たとえばスレッドの終了を待ち合せたり、別のスレッドに対してメッセージを送信したりといった処理は、C言語で実装を行うとかなりの量のソースコードを書かなければなりません。

さらにスレッドは意外とリソースを消費してしまいます。数千数万といった単位でスレッドを起動するには高価なハードウェアを必要とします。Goはgoroutineと呼ばれる、スレッドよりも軽い並行処理のしくみを提供しており、湯水のように実行することができます。また、並行処理で問題となる待ち合わせやメッセージ送信といった処理も簡単に実装できる機能を提供しています。もちろん、複数の並行処理から1つの変数を更新するような処理は、Goにおいても危険であることに変わりありませんが、排他処理やアトミックに値を更新するといった必要な機能は標準ライブラリとして十分に用意されています。

並行処理は難しく、スレッドを使った場合もうまく処理を分散するように設計しないと、使われるCPUコアに偏りが生じてしまいます。Goはマルチコアが活かされるようにランタイムが設計されており、CPUコアを効率的に使い切れるようになっています。

ストリーム指向

Goの標準ライブラリは「ストリーム指向」を強くアピールしています。io.Readerやio.Writerというインターフェース（抽象型）を使ってファイルや通信接続を抽象的に扱えます。

たとえば、ネットワーク通信で受信したJSONを扱うケースを想像してください。プログラミング言語の実装の中には、一度受信したデータをメモリに格納してからJSONをパースするような設計になっているものがありますが、Goではネットワーク通信からJSONパースまでが一連のストリームとして扱えるようになっています。各レイヤがio.Readerで処理することでメモリを無駄に使わないように設計されています。

シングルバイナリ

最後に挙げるのはシングルバイナリを生成できることです。Goの標準パッケージはサードパーティライブラリに依存していません[注1.5]。

他のプログラミング言語の処理系であれば、SSL/TLSの実装をたとえばOpenSSLに委ねていることも多いでしょう。また、HTTP通信をライブラリに委ねていることもあるでしょう。Goではそれらすべてが Goだけで書かれています。そのため、Goのソースコードをビルドして実行ファイルを生成すると、依存関係がほぼない単一のバイナリとして生成されます。昨今では実行環境と開発環境とを分けて開発するのが当然になってきましたが、開発環境でビルドした実行ファイル1つを実行環境にコピーするだけでデプロイが完了するのはとても簡単で便利ですし、間違いも起きにくいのです。実行するために必要なランタイムや依存ライブラリを別途インストールする必要もありません。

これらの理由からGoは、マルチコアを活用でき、メモリに優しく、パフォーマンスを要求されるさまざまなケースでも複雑にならない文法で高度な実装をすることができるプログラミング言語と言えます。Goがバックグラウンドで動作するサーバ処理を記述するのに使われることが多いのはそれが理由です。

また、マルチプラットフォーム向けの標準ライブラリや、クロスコンパイルに長けていることから、複数のプラットフォーム向けに提供するコマンドラインアプリケーションを開発するのにも向いています。実際に、Amazon Web ServicesやOracle Cloudといったクラウドベンダーが提供しているクラウド専用のライブラリやコマンドラインツールもGoで作られています。

DockerやKubernetes、Terraformといったコンテナ技術で使われる多くのソフトウェアもGoで

注1.5　ただしネットワーク通信を行う場合は環境変数CGO_ENABLEDを0に設定する必要があります。

開発されています。さらには静的サイトジェネレータのHugo、ArchLinuxのパッケージマネージャyayなど、最近ではクライアント向けのコマンドラインプログラムにもGoが使われています。

前述のように、TinyGoを使えばマイクロコントローラ向けの処理をGoで書くこともできます。Raspberry Pi PicoのようにOSがない環境であっても、慣れ親しんだGoで開発ができるのです。

1.4 教育用途としてのGo

ここまでGoのソースコードを一度も示さずに、Goがどういったプログラミング言語なのかを説明してきました。高度なことができるという説明から、もしかすると難しい言語を想像される方もおられるかもしれません。しかし、実はGoはとてもシンプルな言語なのです。一般的にプログラミングは、多くのキーワードを覚える必要があり、たとえばJavaであれば50個ほどのキーワードを予約語として扱うことになりますが、Goは予約語が25個しかありません。

1つの手続きに対して複数の書き方ができない程度に簡素化されているため、誰が書いてもおおよそ同じようなソースコードになるように設計されています。そのため、Goの学習は他のプログラミング言語に比べて習得が早く、それでいて実際に動作するプログラムを作れるようになるまでの期間が短いと言われています。

海外の大学ではコンピュータサイエンスの講義の中でGoを使っているところもあります。さまざまな環境で同じ動作をするという点、習得が早いという点で、教育に向いていると筆者は考えています。

1.5 なぜGoが使われるのか

昨今、ビジネスソリューションとして開発されるシステムでは、以下のようなプログラミング言語が多く使われています。

- Java
- C/C++

- JavaScript
- Perl/Python/Ruby/PHP
- C#

これらのいずれもが、実は20年以上も昔に開発されたプログラミング言語です。それ以降もたくさんプログラミング言語は誕生してきていますが、一般的な開発業務として使われるまでにはいたっていません。

しかし2009年に誕生したGo言語は、わずか10年近くで一気に有名となり、多くの企業で使われるようになりました。これはGoogleが開発したからという理由で流行ったからなのでしょうか？ もちろんGoogleが開発したことも理由の1つだと思いますが、すべてがそうだとは筆者は考えていません。Goに人気が集まったことにはちゃんと理由があるのです。

以降ではその理由を説明していきたいと思います。

コンパイルの速さ

プログラミング言語には大きく2種類あります。1つはコンパイル型言語、もう1つはインタプリタ言語です。インタプリタ言語が実行時にソースコードを解釈して実行するのに対して、コンパイル型言語は事前にソースコードをコンパイルし、実行ファイルを生成します。この実行ファイルと呼ぶものの中には、Javaのようにランタイムを必要とするものもあれば直接実行できるものもあります。

Goはコンパイル型のプログラミング言語です。C言語やC++、JavaやRustといったコンパイル型のプログラミング言語は、コンパイル時にソースコードを解析し、最適化を行います。この最適化を行うには、ソースコードに記述されたあらゆる情報を収集し、少しでも速くなるようにいろいろな手法を試す必要があります。そのためコンパイルには多くのCPUリソースやメモリが消費され、コンパイル時間を長くしてしまいます。C++ではコンパイル時間を利用してコーヒーを淹れられる、といったジョークもあるほどです。

Goは簡素な文法で設計されていることもあり、コンパイルがとても速いのです。「必要なのは実行時の速度なのだからコンパイルには多少時間がかかっても良い」と思う方もいますが、開発者がソースコードを少し変更しただけなのに多くの時間をコンパイルに取られてしまうことは、モチベーションを低下させてしまいます。何度もソースコードを直すであろう初級者は、それだけコンパイルに時間を大量に取られ、多くの時間を無駄にしてしまいます。Goのコンパイラはこの多くの無駄な時間を節約することができます。

また、最近ではCI/CD（継続的インテグレーション／継続的デリバリー）や、GitOpsと呼ばれる開発手法が普及しています。ソースコードを修正してGitでpushすると、テスト、リリースビルド、デプロイといった一連の自動化が行われます。この一連のフェーズが短ければ短いほど、開発サイクルを加速することができるのです。

レビューのしやすさ

言語仕様が小さいことで得られるメリットはたくさんあります。世の中にはプログラムを書いた本人だけが読めるソースコードも少なくありません。プログラミング言語には、独特なイディオム（慣用句）を持ち合わせているものも多く、そのイディオムを知らないプログラマーが他の人が書いたソースコードを読むのは非常に困難になります。

Goはシンプルな言語仕様であるため、難しい慣用句はありません。ソースコードレビューで困ることも少ないのです。また、ソースコードのインデントにはハードタブが用いられ、レビューの前にはコードフォーマッタを実行するという文化まであります。「インデントは2タブだ、いや4タブだ、ハードタブだ」といった自転車置き場議論をなくしてくれるのです。

Goのコードフォーマッタはgofmtと呼ばれていますが、この例外を許さないというルールのおかげで生産性が上がったという声が多くみられるようになりました。このgofmtの成果に感化され、現在では他のプログラミング言語でもgofmtのようなコードフォーマッタが同梱されるようになってきました。

周辺ツールの充実

プログラミング言語が流行る要素として筆者が重要だと考えているものに、周辺ツールがあります。プログラミング言語のコンパイラだけでなく、静的解析ツール、コード生成ツール、デバッガ、Language Serverなど、周辺ツールが充実していることが開発者に大きなメリットを与えます。

これらのツールは単純にコマンドラインから実行されるだけでなく、有志の手によりテキストエディタなどから便利に実行できるよう拡張機能が提供されることもあり、その相乗効果によってプログラミング言語の質が高められます。

Goには、Go言語を解析するためのパッケージが標準ライブラリとして同梱されています。これにより開発者が静的解析ツールを自作できるようになっています。また、異なるプラットフォーム向けの実行ファイルを生成する方法が確立されており、簡単にクロスビルドすることもできます。

すでに多くの静的解析ツールやクロスビルドツールがサードパーティにより作られています。そして、われわれ開発者はこれらを利用してCI/CDを実施しています。Goはこういったエコシステムが高度にできあがっているプログラミング言語なのです。

パッケージ公開の簡単さ

Goのパッケージおよびモジュールは VCS（バージョン管理システム）で公開することができます。Goモジュールを、たとえば以下のようにGitHubのホスト名とユーザー名（もしくはOrganization名）を含んだ形式で記述することで、とくに特別なツールを必要とすることなくパッケージ／モジュールを公開することができます。

https://github.com/mattn/go-hsd

標準でサポートしているVCSは次のとおりです。

- GitHub
- Bitbucket
- Launchpad
- OpenStack

一般的なプログラミング言語の多くはMaven、PyPI、npm、RubyGems、CPANなど、セントラルリポジトリにアカウントを用意し、そこに対してパッケージを登録したり、各VCSへのリンクを登録したりといった作業が必要で、パッケージを公開する際のハードルが高くなっています。また、ちょっとした個人的なサンプルコードを公開する場合においてもVCSのセットアップだけすればすぐにパッケージが公開できるため、初学者にとってもハードルが低く、開発しやすいという利点があります。

libc非依存

C言語で開発されたプログラミング言語や、ある言語が依存しているライブラリがC言語で開発されている場合、それらはlibcに依存しています。歴史上、UNIXのシステムはC言語で開発されることが多かったため、基本的なコマンドやライブラリそのものの開発にもC言語が使われてきました。そして、それらの基本部分を集約して共通処理を集めたライブラリとしてlibcが提供されています。

一見便利そうに思えるのですが、libcを使うということは、実行ファイルを生成するためにC言語のコンパイラやリンカが必要になるということになります。これによりクロスコンパイル（別のターゲットの実行ファイルを生成すること）の難易度が高くなります。またlibcを使うということは、libcのバージョンに依存するということを意味します。Linuxのバージョンが上がると当然libcのバージョンも上がります。これにより、たとえばUbuntuでビルドした実行ファイルをRed Hat系のLinuxに持っていっても動かない、という問題が発生します。

Goはlibcに依存しません。執筆時点では、ネットワーク通信を行う一部の処理のみlibcを使うことがありますが、それ意外はlibcに依存しません。よってクロスコンパイルを容易に行うことができ、かつlibcのバージョンにも非依存です。UbuntuでビルドしたGoの実行ファイルをRed Hat系のLinuxに持っていっても、ほぼ問題なく動作するのです。

共同開発でのスキル差

大きなシステムを開発する場合、複数人で作業することになります。当然ながら、開発者間のスキル差が開発の進捗に影響します。開発に使用している言語をマスターしている開発者もいれば、まだ学習中の開発者もいます。要員が足らなくなった際には、そのプログラミング言語にある程度、精通している開発者を追加しなければなりません。また保守を担当していた開発者がプロジェクトを抜けるといったケースでは、交代要員が必要になります。

みなさんも、前任者が残したプログラムの小難しいテクニックに頭を悩まされたことが一度や二度はあると思います。Goは文法がとてもシンプルで、表現できる範囲がそれほど広くありませんので、誰が書いても同じようなコードになりやすく、引き継ぎ時のリスクは低くなります。

ただそれゆえに、高度な表現ができるプログラミング言語を多く扱ってきたスキルの高いプログラマーには、つまらないプログラミング言語となります。しかしGoを触ったことがなくても、それまでに他のプログラミング言語を触ったことがあるプログラマーであれば、それほど苦労することなく習得することができます。これもGoの魅力と言って良いと筆者は考えています。

1.6 まとめ

Go言語がどのようなプログラミング言語なのかを解説しました。表面上は簡素なプログラミング言語に見えますが、実は奥が深く、それでいてパワーを発揮できる良い言語だと筆者は考えます。後半ではGoがなぜ使われるのかを解説しました。なぜGo言語がいろいろな場面で使われ始めているのか不思議に思っていた読者の方もいるかと思います。Goはユーザーの利益を優先し成果を出すための言語であり、それでいて多くの開発者に対するハードルを下げた言語と言えるでしょう。

第2章

開発環境の準備

本章では、プログラミング言語Goの開発環境を準備します。OSごとのGoコンパイラのインストール方法、およびIDE／テキストエディタのGo用の設定例を紹介します。

Goのプログラミングを始めるにあたり、Goの開発環境のセットアップ方法を解説します。Goの開発環境とはおおよそ以下の2つで構成されます。

- Goコンパイラ
- IDEまたはテキストエディタ

2.1 Goコンパイラのインストール

Goのインストール方法はOSにより異なります。ブラウザでオフィシャルサイトを開き、Download[注2.1]ページに遷移してください。

Windowsの場合は、お使いのコンピュータのプロセッサ（386またはamd64）に合ったMSIインストーラをダウンロードしてインストールします。

macOSの場合も、お使いのコンピュータのプロセッサ（arm64またはamd64）に合ったpkgファイルをダウンロードしてインストールします。また、macOSの場合はHomebrewを使ってインストールすることもできます。Homebrewを使ってインストールするには以下を実行します。

```
$ brew install go
```

Linuxの場合でも、お使いのコンピュータのプロセッサ（386またはamd64）に合ったtar.gzファイルをダウンロードしますが、その後、ご自分でtar.gzを展開してコンパイラへのパスを設定する必要があります。

```
$ sudo rm -rf /usr/local/go
$ sudo tar -C /usr/local -xzf go1.20.linux-amd64.tar.gz
```

1点注意として、必ず古いgoディレクトリを消してからtar.gzファイル展開してください。古いファイルが残った状態でインストールすると誤動作が発生します。Linuxの場合はお使いのOSが提供するパッケージマネージャを使ってインストールすることもできます。たとえばUbuntu Linuxであれば、aptを使って以下のようにインストールすることができます。

```
$ sudo apt install golang-1.18
```

ただしいずれのLinuxディストリビューションも、オフィシャルが提供しているコンパイラの最新バージョンよりも少し古いことが多いです。セキュリティフィックスを含むバグ修正や、性能改善が含まれていますので、可能な限りオフィシャルサイトから最新バージョンをインストールすると良いでしょう。

Goに限らずですが、言語処理系のバージョンの違いによって起きる誤動作を懸念して、goenv

注2.1 https://go.dev/dl/

(Pythonで言うvenv、Rubyで言うrbenv)のような、バージョン管理ソフトウェアをお使いになる方もいます。

これは筆者の個人的な意見なのですが、こういったバージョン管理ソフトウェアは、各ソフトウェアに対して必要なランタイムが固定されていないと動作しない、または動作の保証がないという問題を解決するのには有効ですが、Goのようにビルドされてすでに静的にリンクされた実行ファイルに対してはほぼ意味がありません。つまり、コンパイラを古いバージョンに戻してコンパイルするメリットは薄いということです。

またGoは、Go開発チームが下位互換性を保つことを決めた「The Go1 Compatibility Rules」と呼ばれているルールをもとに開発されています[注2.2]。このルールによりGoの標準パッケージは仕様が固定されており、とても重要なバグ修正でもない限り関数シグネチャが変更されることはありません。ですので、Goは常に新しいバージョンを使っておけば古いソースコードでも問題なくビルドできることが約束されています。また逆に、バージョン管理ソフトウェアを使うことで、脆弱性を含んだいくつものバージョンが更新されないまま残ってしまうこともあります。よって筆者は、goenvのようなソフトウェアを使うのはお勧めしません。

COLUMN

GOROOT? GOPATH?

古いバージョンのGoでは、GOROOTやGOPATHといった環境変数を設定する必要がありました。今もなお、その設定が必要だと思っている方がおられます。しかし最近のバージョンでは、どちらも設定する必要がありません。

`go get`コマンドによってダウンロードされるソースコードは~/go/pkg配下に、`go install`コマンドによってインストールされる実行ファイルは~/go/binに格納されます。このディレクトリを変更したい場合はGOROOTやGOBINを設定します。通常の使い方をするのであれば、GOROOTはもはや必要ありません。

Goは2019年ごろからGoモジュールというパッケージの依存関係を解決するしくみを導入しましたが、それまではGOPATH内に置かれたローカルのパッケージを参照してビルドするしくみが利用されていました。また開発もGOPATHのフォルダ内で行われてきました。Goモジュールを利用するのであれば、もはや依存パッケージを手動でディレクトリ管理する必要はなく、開発ディレクトリもどこにあっても良いことになります。

注2.2 https://go.dev/doc/go1compat

2.2 開発環境のセットアップ

基本的に、GoはIDEがなくても開発できます。前述のとおり、Goはシンプルな言語です。慣れてくると入力補完に頼らず開発できるようになります。もちろん、IDEを使ったほうが効率的なのは間違いありません。

以降ではMicrosoft社が開発しているVisual Studio Codeと、古くからUNIXユーザーに愛されているテキストエディタVim、そしてJetBrains社が開発しているGolandの、3つのセットアップ方法を紹介します。

なおGoのLanguage Serverであるgoplsは、各IDEで自動（または手動）でインストールされる想定ですので、本書では解説しません。

Visual Studio Code

Visual Studio Codeは拡張可能なテキストエディタです（図2.1）。

図2.1　Visual Studio CodeでのGoの開発

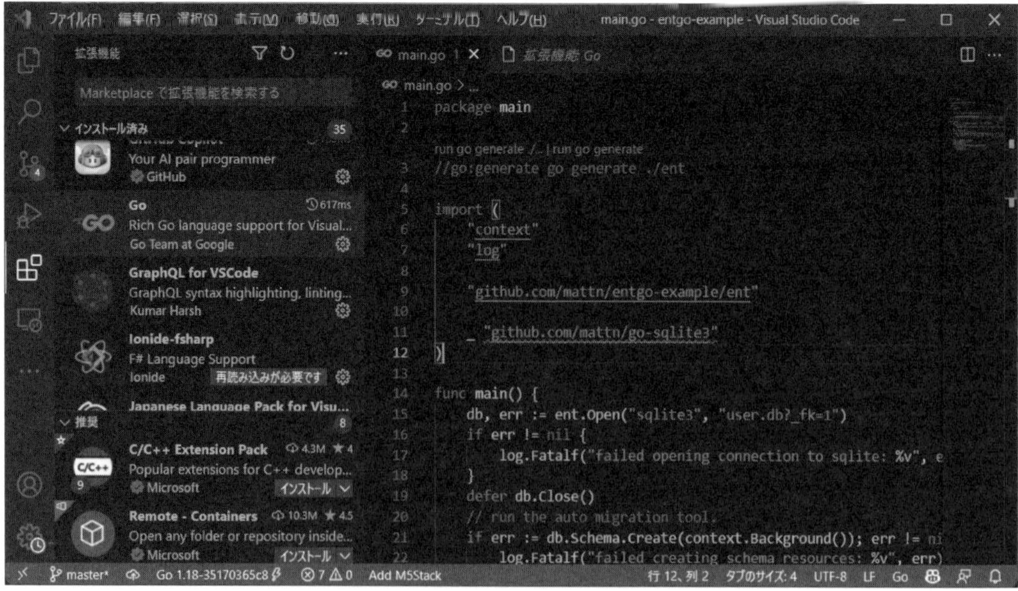

オフィシャルサイト[注2.3]からインストーラをダウンロードしてインストールしてください。インストールした状態ではGoは扱えません。Goを扱うには拡張機能をインストールする必要があります。適当なディレクトリで拡張子.goのファイルを開くとGo拡張をインストールするように勧められます。あとは画面に従ってインストールしてください。Go拡張がインストールされると、Goの開発に必要なコマンドラインツールも自動でインストールされます。

Vim

Vimは古くからUNIXユーザーに愛されるテキストユーザーインターフェースのテキストエディタです。キャラクターベースですので、Visual Studio Codeほどグラフィカルではありませんが、基本的にVimはVisual Studio CodeのGo拡張とほぼ同じことができるようになっています。

Visual Studio CodeのGo拡張は、Microsoft社が仕様を取りまとめているLanguage Server Protocol（言語サーバプロトコル）をTypeScriptで実装したソフトウェアです。Language ServerそのものはGoのオフィシャルが開発しており、そのGo専用のLanguage ServerであるgoplsとVisual Studio Codeが対話することでGoのプログラミングに便利な、入力補完や定義位置ジャンプといった機能を提供しています。

VimにおいてもLanguage Serverを扱うしくみがあります。coc.nvimやvim-lspというVimプラグインを使うことで、GoやJava、C#といったいろいろなLanguage Serverを扱えるようになっています。以下では筆者が日常的に使っているvim-lspのインストール手順を紹介します。

Vimプラグインprabirshrestha/vim-lspとmattn/vim-lsp-settingsの2つを使うことでLanguage Serverを扱えるようになります。またhrsh7th/vim-vsnipとhrsh7th/vim-vsnip-integを追加することで、補完の展開をさらに便利にすることができます。

リスト2.1はプラグインマネージャvim-plugを使ってプラグインを定義するための書き方です。vim-plugを導入してvimrcに書き足してください。

リスト2.1　vim-plugでGoのLanguage Server関係のプラグインを定義

```
Plug 'prabirshrestha/vim-lsp'
Plug 'mattn/vim-lsp-settings'
Plug 'hrsh7th/vim-vsnip'
Plug 'hrsh7th/vim-vsnip-integ'
```

また、Language Serverの操作をカスタマイズしたい場合には**リスト2.2**を設定してください。

注2.3　https://code.visualstudio.com/

リスト2.2 Language Serverの操作設定

```
function! s:on_lsp_buffer_enabled() abort
  if &buftype ==# 'nofile' || &filetype =~# '^\(quickrun\)' || getcmdwintype() ==# ':'
    return
  endif
  " Language Serverが有効になったバッファに対する設定
  setlocal omnifunc=lsp#complete
  " 以下は好みで設定
  "nmap <buffer> gd <plug>(lsp-definition)
  "nmap <buffer> <f2> <plug>(lsp-rename)
  "nmap <buffer> <c-k> <plug>(lsp-hover)
endfunction

augroup vimrc_lsp_install
  autocmd!
  autocmd User lsp_buffer_enabled call s:on_lsp_buffer_enabled()
augroup END
```

Vimを起動してGoのファイルを開くとgoplsのインストールを促されるので、`:LspInstallServer`コマンドを実行します。するとgoplsのインストールが行われます。インストールが完了すると、Visual Studio Codeのように入力補完や定義ジャンプなどが扱えるようになります(図2.2)。

図2.2 VimでのGoの開発

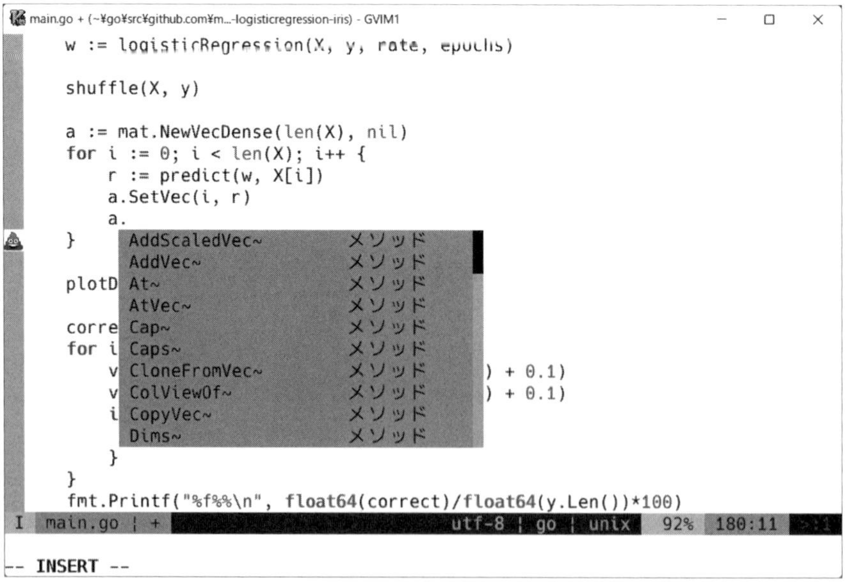

Goland

GolandはJetBrains社が開発しているGo専用のIDEです。Visual Studio CodeやVimでは、Go開発チームが開発しているLanguage Serverを利用していますが、Golandは独自にGoのソースコードを解析し、入力補完や定義ジャンプといった機能を提供しています。さすが商用製品だけあって、開発者が期待しているさまざまな機能が実装されています(図2.3)。

図2.3　GolandでのGoの開発

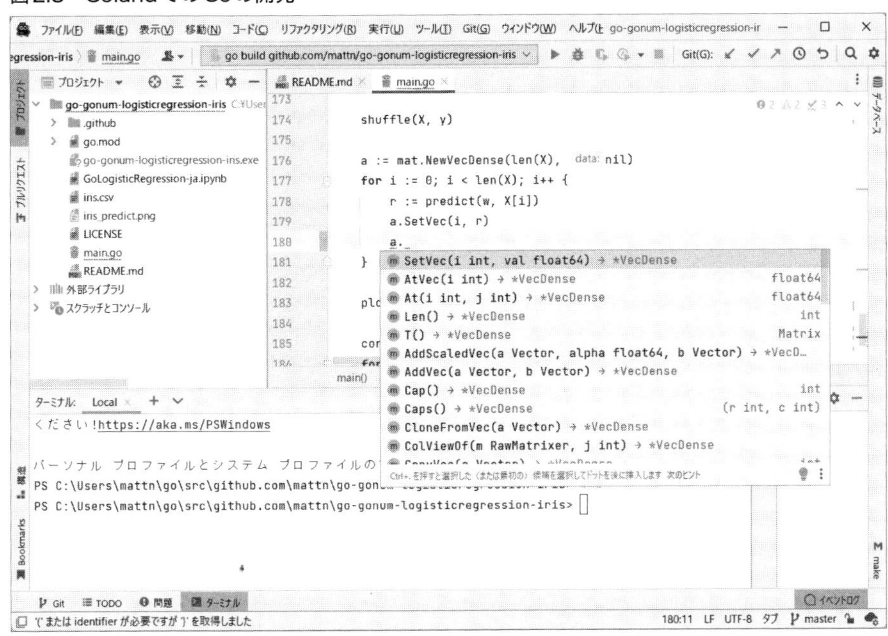

GolandはJetBrains社のサイト[注2.4]からダウンロードするか、JetBrains Toolboxからインストールします。Go専用のIDEですから、Visual Studio CodeやVimのようにアドオンを追加する必要はありません。

筆者がこれらIDE、テキストエディタを一通り使ったうえでの感想としては、Golandの補完は精度が高く、また複数あるGoコンパイラをスイッチできたりなど、いろいろとかゆいところに手が届くようになっていると思います。

注2.4　https://www.jetbrains.com/go/

2.3 まとめ

Goのインストール方法を解説しました。このほかにも、Goを扱える開発環境はたくさんあります。ぜひ気に入った自分向きの開発環境を手に入れてください。

第3章

基本的な文法

本章では、Goの基本的な文法と、開発手順に関するベストプラクティスを紹介します。Goのプログラミングをするにあたり、IDEを使うといくらか簡単に開発を行えます。ただGoに限らず、実際にプログラムを扱う際にはコマンドラインを操作することになります。とくにGoのようにUNIXでも動作するコンパイラにおいて、コマンドラインの操作方法を覚えることはとても大事なことです。書かれている内容の意味が理解できなかったとしても、本章ではいったんは記述どおりに実行してみてください。なお本書では、とくに注意書きがない限りはUNIXシェルを使って解説を行いますが、WindowsでもほぼE同じ体系で実行することができます。

3.1 プロジェクトフォルダ

Goの開発を始める際は、まずGoのプロジェクトフォルダを作成します。

```
$ mkdir my-app
$ cd my-app
$ go mod init my-app
```

次にテキストエディタでmain.goというファイルを開き、**リスト3.1**の内容を入力します。

リスト3.1　main.go

```
package main

import "fmt"

func main() {
|->fmt.Println("こんにちは 世界")
}
```

※|->部分はタブ文字。以降のコードでは表記せず

packageやimport、funcはGoのキーワードです。

packageはプログラムのパッケージ名を宣言します。パッケージとは関数や変数などを束ねる単位です。実行ファイルの場合はパッケージ名にmainを使用します。importは標準パッケージや外部のパッケージを取り込む際に使用します。

funcで関数宣言を行います。関数mainは、ビルドした際に実行エントリポイントとなります。取り込んだパッケージを参照し、そのパッケージ内のシンボルを参照するには.を使います。この例ではfmtパッケージのPrintlnという関数を呼び出しています。fmt.Printlnはコンソールの標準出力にメッセージを出力する関数で、以降の解説で何度も登場します。

ファイルを保存したらビルドします。Visual Studio Codeの場合はCtrl-@をタイプすると端末が起動するので（**図3.1**）、

図3.1　Visual Studio CodeでGoのコードをビルド

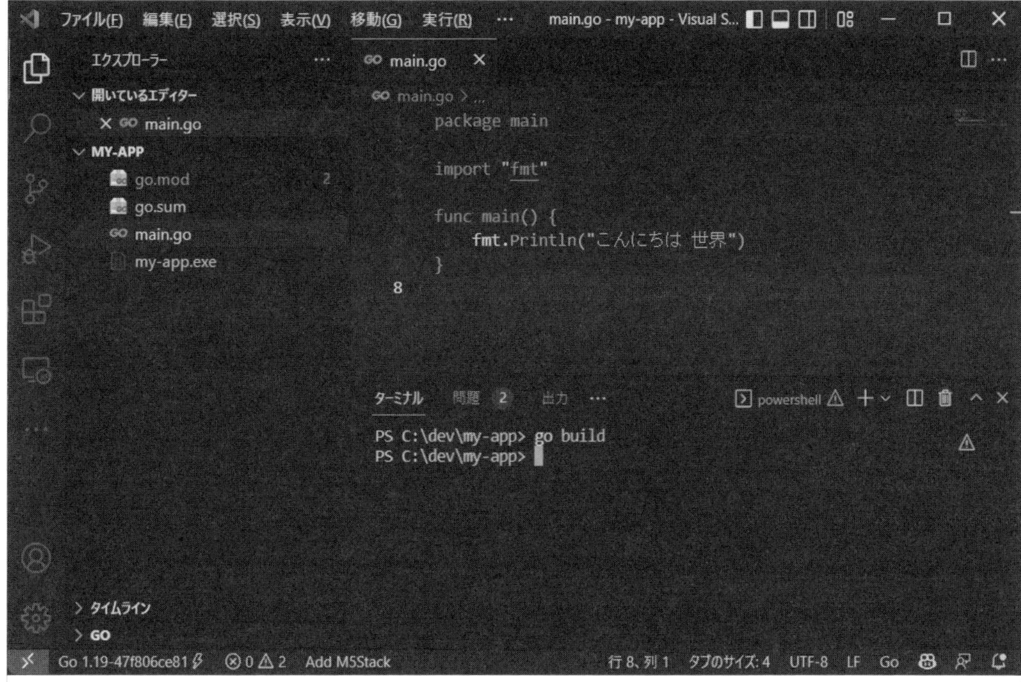

そこで以下を入力します。

```
go build
```

Vimの場合は`:terminal`コマンドを実行するとVisual Studio Codeと同様に端末が起動します。Golandの場合は Alt - F12 で端末が起動します。

コマンドを実行するとmy-appという実行ファイル（Windowsの場合はmy-app.exe）が生成されます。実行ファイルを実行すると「こんにちは 世界」が表示されるはずです。

最初に使用したコマンド`go mod init`はGoモジュールの初期化を意味します。Goモジュールについては後述します。

3.2 Go言語の特徴

Goの基本的な構文を説明する前に、Goがどのような言語仕様なのかを簡単に説明します。

- GC（Garbage Collector）がある
- 静的な型を使う
- ポインタを使う
- 三項演算子はない
- 継承はない
- 例外はない

他のプログラミング言語に慣れている人の中には、三項演算子や継承や例外がGoにないことに戸惑う方がいるかもしれません。しかしこれにも理由があり、三項演算子や継承、例外はプログラムを余計に複雑にしてしまい、生産性を下げてしまうこともあるため、Goではあえて導入していないのです。

例外についてはpanicという、C言語で言うところのassertのようなものがあります。recover関数を使ってpanicを捕捉することで例外のようなことを実現することは可能ですが、例外と呼べる機能ではありません。Goはpanic/recoverを例外機構として用意しておらず、スタックトレースや検査例外といったしくみも実現できません。panicやrecoverは致命的なエラー時のみで使用します。

3.3 静的な型

プログラミング言語は大きく分けて2種類あります。1つは静的型付け言語、もう1つは動的型付け言語です。静的型付け言語はコンパイル時に型が決定され、変数や関数を型で束縛して異なる型の値を再代入することを禁じ[注3.1]、型安全にする型システムです。かたや動的型付け言語は実行時ま

注3.1　プログラミング言語によります。

で型が決定せず、変数に異なる型の値を再代入できます。

Goは静的型付け言語です。異なる型への代入はコンパイル時にチェックされ、コンパイルエラーとなります。また、変換可能な異なる型への代入を行う際には明示的にキャスト（型変換）をしなければなりません。

3.4 基本的な構文

Goの基本的な構文を解説します。本書ではGoのすべての構文については説明せず、簡単なアプリケーションを作成するうえで必要な構文を解説します。GoはC言語を意識して作られたプログラミング言語であるため、一部、C言語がわかる方向けに両者を対比する内容が書かれています。ですがC言語がわからない方でも、おおよそはご理解いただけると思います。

変数宣言

Goで変数を宣言するにはvarを使います。

```
var n int
```

Goには以下のビルトイン型があります。

- interface{}（any）
- bool
- byte
- complex64、complex128
- error
- float32、float64
- int、int8、int16、int32、int64
- rune、string
- uint、uint8、uint16、uint32、uint64
- uintptr

上記の例ではint型の変数nを宣言しています。宣言と初期値の代入を一度に行うこともできます。

```
var n int = 1
```

変数は型を保持します。同じ変数名で異なる型を代入することはできません。

```
var n int
n = 1
n = "foo" // コンパイルエラー
```

同じ変数名で再度宣言することもできません。

```
var n int
n = 1

var n string
n = "foo" // コンパイルエラー
```

※ブロックスコープ（{から始まり}で終わるコード）の中では同じ名前の変数を局所的に宣言できます

なお、Goではセミコロン（;）は使いません。使うこともできますが、文を1行で書きたい場合にのみ使います。

Goは他のプログラミング言語と異なり、変数nを宣言しながらもそれが使われない場合にはコンパイルエラーとなります。一見この動作に戸惑う方もいますが、使われない変数が宣言されたままになるよりはコンパイル時にエラーになったほうが結果的には良いという、いかにもGoらしい仕様です。

変数の宣言はvarを省略して以下のように書くこともできます。

```
x := 1
y := 1.2
n := 1 + (x + 2) * int(y)
```

右辺のリテラルから型が明らかである場合には、左辺の変数の型が推測できるため、型を省略して記述することができます。上記の例ではyはfloat64型、nはint型として宣言されます。

yはfloat64型ですのでintの計算で使う場合には`int(y)`のようにキャストしなければなりません。一方、以下ではnはfloat64型の変数として宣言されます。

```
x := 1
y := 1
n := 1.2 + (float64(x)+2)*float64(y)
```

四則演算や、括弧の優先度などはC言語と変わりませんが、C言語と異なり文字列は+演算子で結合することができます。

```
s := "Hello, " + "World"
```

const (定数宣言)

constを使うと定数を宣言できます。

```
const x = 1
```

変数と異なり、使われない場合でもコンパイルエラーになりません。constはbool、int/int32/int64やfloat32/float64といった数値、複素数、文字列を宣言することができます。スライスや配列、structの値は宣言できません。

たとえば、C言語では以下のように宣言することでイミュータブル (不変) なintの配列が宣言できます。

- C

```
const int v[2] = {0, 1};
v[0] = 1; // コンパイルエラー
```

また、Javaでは配列そのものをイミュータブルにすることはできますが、配列の要素は変更できます。

- Java

```
final int v[] = { 0, 1 };
v[0] = 1; // OK
```

Goでは配列やスライス、structをイミュータブルにすることはできません[注3.2]。

以下のソースを見てください。

```
const x = 1
y := 1
f := 1.2 + (x + 2) * float64(y)
```

ここでおもしろいことに気づくかもしれません。変数の場合、xを使う際は`float64(x)`でキャストしなければなりませんでしたが、constで宣言されたxは型を明示しておらず、使われ方によって

注3.2 https://go.dev/blog/constants

型が自動で決定されます。これをuntyped constantと呼びます。使われる場所でそれぞれ型が決まるため、以下はコンパイルエラーになりません。

```
const n = 1
x := 1 + n
y := 1.2 + n
```

iota（列挙）

Goには列挙型がありません。constにより定数を宣言することはできますが、C言語のような、ユニークな値を作ることができるenumは用意されていません。ただしiotaを使うことで同様の定数を宣言することができます。

```
const (
    Apple = iota
    Orange
    Banana
)
```

この場合、Appleは0、Orangeは1、Bananaは2になります。iotaは都度評価されます。

```
const (
    Apple = iota + iota
    Orange
    Banana
)
```

この場合、Appleは0、Orangeは2、Bananaは4になります。iotaは登場するごとに新しい宣言が実行されるため、以下のように異なるルールを宣言することができます。

```
const (
    Apple = iota + iota
    Orange
    Banana = iota + 3
)

func main() {
    fmt.Println(Apple)  // 0 + 0 = 0
    fmt.Println(Orange) // 1 + 1 = 2
    fmt.Println(Banana) // 2 + 3 = 5
}
```

型を指定して宣言することもできます。

```
type Fruit int
type Animal int

const (
    Apple Fruit = iota // Fruit(0)
    Orange
    Banana
)

const (
    Monkey Animal = iota // Animal(0)
    Elephant
    Pig
)
```

前述のとおり、constをまとめて記述すると初期値が連続してしまうため、型ごとにconst宣言を別にする必要があります。

```
type Fruit int
type Animal int

const (
    Apple Fruit = iota // Fruit(0)
    Orange             // Fruit(1)
    Banana             // Fruit(2)
)

const (
    Monkey Animal = iota // Animal(0)
    Elephant             // Animal(1)
    Pig                  // Animal(2)
)

func main() {
    var fruit Fruit = Apple
    fmt.Println(fruit)

    fruit = Elephant // ここがコンパイルエラー
    fmt.Println(fruit)
}
```

型を指定して宣言することで、異なる型への代入を行った際にコンパイルエラーにすることができます。

```
./fruit.go:26: cannot use Elephant (type Animal) as type Fruit in assignment
```

※訳：Animal型であるElephantをFruit型として代入することはできません

命名規則

Goでは一般的に変数に短い名前が付けられます。ただしこれには理由があります。Go開発チームのRuss Cox氏のブログを引用します注3.3。

> *> 名前の長さはその情報の中身を超えるべきではない。ローカル変数の場合、名前iはindexやidxといった情報を限りなく即決に伝える。同様にiとjは、i1やi2（index1やindex2はさらに良くない）よりもインデックスを名付けるための良いペアである。なぜならば、それらはプログラムを斜め読みするときに個別に伝えやすいからである。グローバルな名前は相対的により多くの情報を伝えなくてはならない。なぜならば、それらはいろんなコンテキストに現れるからである。短かったとしても、この正確な名前はacquireやtake_ownershipのような長ったらしいものよりも、より多くを伝えることができる。すべてを名前で伝える。*

GoではPascal Caseが使われ、アンダースコア（_）は使われません。update_userではなくupdateUserが使われます（ただし、絶対ではないので習慣ととらえてください）。

パッケージ内で大文字から始まる型、グローバル変数、関数は、公開シンボルとして扱われます。以下のソースコードで、パッケージの外部から関数UpdateUserを`foo.UpdateUser()`という形式で呼び出すことはできますが、グローバル変数indexを参照することはできません。

```
package foo

var index = 1

func UpdateUser() {
    // do something
}
```

関数呼び出し

Goでは型名を、変数名や関数名のあとに記述します。

注3.3 https://research.swtch.com/names

```
func FindUser(name string) (*User, error) {
    user := findUesrFromGroup("my-group", name)
    if user == nil {
        return nil, ErrNotFound
    }
    return user, nil
}
```


これにも理由があります。C言語は昔に作られた言語仕様のため、いろいろなことが考慮されていませんでした。たとえば、変数宣言の際に型名を前に書くか後に書くか。C言語は前に型名を書きますが、これによりパース（構文解析）が難しくなる問題があります。まずは**図3.2**を参照してください。

図3.2　C言語のソースコードのコンパイル

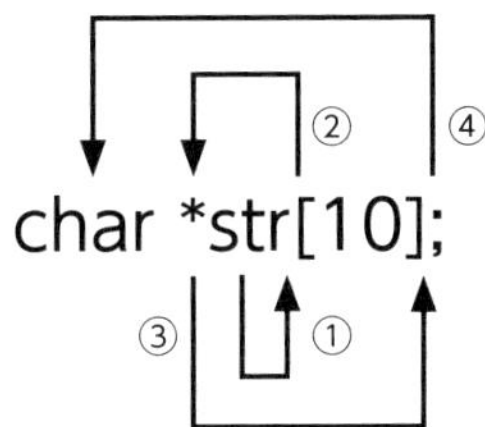

※出典：http://c-faq.com/decl/spiral.anderson.html

コンパイラは左から右へソースコードの確認を行います。この変数宣言をコンパイラが見つけたとき、charだけではそれが変数宣言なのか関数宣言なのかがわかりません。そこでコンパイラはcharという情報をメモリにストックしておかなければなりません。次に*を見つけてもそれが変数宣言なのか関数宣言なのかわかりません。さらにstrを見つけてもそれは同じです。strの次に[を見つけて初めて、それが変数宣言であるとわかります。それまでストックしておいた不確定なシンボル情報を次々に逆たどりし（①→④）、ようやくそれがcharポインタの配列の変数宣言であると判明します。これはClockwise Spiral Ruleと呼ばれ、C言語がいかにコンパイラに優しくない言語仕様なのかを示す際に使われる例えです。Goでは変数宣言にvarを用いることでC言語のような不確定なシンボル情報を保持する必要がありません。

さてGoに話を戻します。GoはC言語と異なり多値を返すことができます。ユーザー情報とエラー情報を同時に返す関数を考えてみましょう。ユーザーが見つかった場合にはerrorをnilで返却し、ユーザーが見つからなかった場合にはerrorとしてErrNotFoundを返します。この関数を呼び出す際には、以下のようにして多値を受け取る必要があります。

```
func FindUser(name string) (*User, error) {
    user, err := findUserFromList(users, name)
    if err != nil {
        return nil, err
    }
    return user, nil
}

func main() {
    user, err := FindUser("Bob")
    if err != nil {
        log.Fatal(err)
    }
    fmt.Println(user.Name)
}
```

Goではエラーが発生し得る関数を呼び出した際には、まずerrをチェックし、即座に呼び出し元に返却することが推奨されています。型名を変数名や関数名のあとに記述する仕様は、こういったケースが想定されているのです。

条件分岐

if文は括弧を必要としません。

```
if x == 2 && y == 3 {
    doSomething()
}
```

セミコロンを用いて以下のように書くこともできます。

```
if user, err := userName(); err == nil {
    fmt.Println(user.Name)
} else {
    log.Println(err)
}
```

ifの中で宣言した変数userやerrはelseでも使用することができます。

switch文はほぼC言語と同じですが、breakを書く必要がありません。

```
switch i {
case 1:
    fmt.Println("one")
```

```
case 2:
    fmt.Println("two")
case 3, 4:
    fmt.Println("three or four")
default:
    fmt.Println("other")
}
```

明示的に次のcaseに降下したい場合はfallthroughを使います。

```
switch i {
case 1:
    fmt.Println("one")
case 2:
    fmt.Print("two or ")
    fallthrough // two or three or fourが表示される
case 3, 4:
    fmt.Println("three or four")
default:
    fmt.Println("other")
}
```

switch caseには固定値ではなく式を書くこともできます。

```
switch {
case i > hit:
    fmt.Println("bigger than", hit)
case i < hit:
    fmt.Println("less than", hit)
case i == hit:
    fmt.Println("equal to", hit)
}
```

ループ

ループにはfor文を使います。for文には4種類あります。

1つめはC言語形式のもの。

```
for i := 0; i < len(s); i++ {
    // do something
}
```

2つめはC言語のwhile文と同じもの。

```
for i < 3 {
    // do something
}
```

3つめは無限ループです。

```
for {
    // do something
}
```

最後にmap、スライスをイテレートするものです。map、スライスについては後述します。

- map

```
for k, v := range obj {
    // kはmapのキー、vは値
}
```

- スライス

```
for i, v := range arr {
    // iはarrの添え字、vは値
}
```

C言語と同じようにbreakでループを中断し、continueでループを継続することができます。

また、GoにはLabeled Breakという記法があり、多重ループの内側から一気に外側のループまで抜けることができるようになっています。

```
finished:
    for i := 0; i < 100; i++ {
        for j := 0; j < 100; j++ {
            if check(i, j) {
                break finished
            }
        }
    }
```

これらのforループとは別に、channel（後述）の読み取りをforで書くことができます。

```
for v := range ch {
    // do something
}
```

この場合、channelが`close(ch)`により閉じられるとforループが終了します。

配列とスライス

Goには配列とスライスという、一見似ているが異なる2つの型が存在します。配列は固定長、スライスは可変長な配列と考えると良いでしょう。配列、スライスともに0から始まります。配列の長さを超えた位置を参照するとpanicが発生します。

```
var a [4]int
a[0] = 1
```

この宣言はint型の、長さ4の配列を宣言しています。長さを変更することはできません。一方、スライスは長さを指定せずに宣言します。

```
var a []int
```

ただし、宣言するだけではaにはnilという特別な値が格納されます。そのまま要素にアクセスするとpanicが発生します。スライスを作成するにはmakeを使用します（変数宣言を兼ねています）。

```
a := make([]int, 3)
a[0] = 1
a[1] = 2
a[2] = 3
```

また、スライスの初期化は初期値を代入することでも可能です。

```
a := []int{1, 2, 3}
```

多次元の配列やスライスを扱うこともできます。

```
// 固定長2次元の配列
arr1 := [2][3]int {
    {1, 2, 3},
    {4, 5, 6},
}
// 2次元のスライス
arr2 := [][]int {
    {1, 2, 3},
    {4, 5, 6},
}
```

スライスを伸長するにはappendを使います。

```
a := []int{1, 2, 3}
fmt.Println(a) // [1 2 3] が表示される
a = append(a, 4, 5, 6)
fmt.Println(a) // [1 2 3 4 5 6] が表示される
fmt.Printf("a の長さは %d\n", len(a)) //「a の長さは 6」が表示される
```

なお、配列およびスライスには、長さlenとは別にcapという容量を示す値があります。配列の場合、長さと容量が同じ値で固定されています。スライスの場合、capの値は常にlen以上になっています。これはappendを使って伸長するごとにメモリを再確保しなくても良いように、予約された分を示しているからです。

makeは以下のようにlenとcapを指定することもできます。

```
a := make([]int, 0, 100)
for i := 0; i < 100; i++ {
    a = append(a, i)
}
```

appendを繰り返し使用すると、lenがcapよりも大きくなるたびにメモリの再確保が行われ、パフォーマンスが悪くなってしまいます。事前に長さが判明しているのであれば、lenとcapの両方を指定するのが良いでしょう。この場合、ループを途中で抜けてしまってもlenが100になることはありません。

スライスは添え字で範囲を指定して部分参照することができます。以下の例は添え字2〜4を参照しています。

```
fmt.Println(a[2:5]) // [2 3 4]が表示される
```

スライスから要素を削除する方法は3つあります。これから示す3つのコードは、どれも同じスライスの要素を削除するコードですが、以下の違いがあります。

(1) 新しく同じ型のスライスを用意して詰めなおす
(2) appendを使う
(3) 部分参照とcopyを使う

まず新しく同じ型のスライスを用意して詰めなおす方法 (1) です。

```
a2 := make([]int, 0, len(a)/2)
for i := 0; i < len(a); i++ {
    if i % 2 == 0 {
        // 奇数は削除する
        a2 = append(a2, a[i])
    }
}
a = a2
```

あらかじめcapを指定しておくことで無駄なアロケーションを防ぐことができます。

次はappendを使う方法 (2) です。

```
n := 50
a = append(a[:n], a[n+1:]...) // 添え字50を削除
```

最後に部分参照とcopyを使う方法 (3) です。

```
n := 50
a = a[:n+copy(a[n:], a[n+1:])]
```

(2) (3) の2つはそれほど挙動が変わりませんが、appendを使う方法は1回だけアロケーションが発生するので、(3) のほうが望ましいです。

文字列

前述のとおり、Goの文字列は+で結合できます。

```
s := "Hello "
s += name
```

文字列はバイト列で構成されているため、添え字を使ってアクセスできます。

```
s := "Hello"
fmt.Printf("%c", s[0]) // Hを表示
```

ただし、Goのstringはイミュータブルですので、内容を書き換える際には以下のようにバイト列に変換する必要があります。

```
s := "Hello"
b := []byte(s)
b[0] = 'h' // Helloをhelloに変更
```

```
s = string(b) // イミュータブルなので再代入が必要
```

なおバイトサイズを超えた位置を参照するとpanicが発生します。

またGoにはruneという型があり、以下のようにしてUnicodeのコードポイント列に変換することができます。

```
s := "こんにちわ世界"
rs := []rune(s)
rs[4] = 'は' // こんにちわ世界 を こんにちは世界 に変更
s = string(rs) // イミュータブルなので再代入が必要
```

固定長の配列は`[:]`という指定をすることでスライスに変換することができます。

```
var b [4]byte
b2 := b[:] // b2 はスライス
```

`から`で囲うことで複数行のテキストを扱うことができます。

```
var content = `複数行の
文章からなる
テキストです。
`
```

この場合、文字列内ではバックスラッシュによるエスケープの影響を受けませんので、\を出力したい場合に便利です。ただし以下の場合、最初の`の直後の改行も含まれることに注意しましょう。

```
var content = `
複数行の
文章からなる
テキストです。
`
```

map

mapは順を持たないキーと値のペアです。キーは文字列以外の型も扱えます。

```
var m map[string]int
```

この宣言はstring型のキー、int型の値を持つmapを定義しています。ただし、宣言するだけではmにはnilという特別な値が格納されます。mapを作成するにはmakeを使用します（変数宣言を兼ねています）。

```
m := make(map[string]int)
m["John"] = 21
m["Bob"] = 18
m["Mark"] = 33
```

スライスと同様にcapを指定することができます。

```
m := make(map[string]int, 10)
m["John"] = 21
m["Bob"] = 18
m["Mark"] = 33
```


また、mの初期化はリテラルを使って初期値を代入することでも可能です。

```
m := map[string]int{
    "John": 21,
    "Bob":  18,
    "Mark": 33,
}
fmt.Println(m) // map[Bob:2 John:1 Mark:3]が表示される
```

変数だけ宣言し、makeやリテラルを使って初期化していないままキーを参照したりアイテムを追加したりするとpanicが発生します。

mapから要素を削除するにはdeleteを使います。

```
delete(m, "Bob")
```

mapのキーと値を列挙するには以下のようにfor-rangeを使うことができます。

```
for k, v := range m {
    fmt.Printf("key: %v, value: %v\n", k, v)
}
```

なおmapは順序を保持しません。また、このfor-rangeは毎回異なる結果となります。ソートされたキーで列挙したい場合は、先にキーを取り出し、ソート後にfor-rangeを実行する必要があります。

```
keys := []string{}
for k := range m {
    keys = append(keys, k)
}
sort.Strings(keys)
for _, k := range keys {
```

```
    fmt.Printf("key: %v, value: %v", k, m[k])
}
```

mapは存在しないキーを指定すると、値の型のゼロ値が返ります。

```
m := map[string]string {
    "foo": "bar",
}
fmt.Println(m["zoo"]) // 空文字列が表示される
```

キーが存在したかどうかを確認する場合は以下のように2つの値を受け取ります。

```
v, ok := m["zoo"]
if ok {
    // zooが存在すればokはtrueになる
    fmt.Println(v)
}
```

type（型宣言）

typeで型に名前を付けることができます。

```
type MyString stirng
```

この場合、MyStringはstringのように振る舞うことができます。

```
package main

import "fmt"

type MyString string

func main() {
    var m MyString
    m = "foo"
    fmt.Println(m)
}
```

元のstring型に戻すには以下のように型変換を行います。

```
func main() {
    var m MyString
    m = "foo"
    s := string(m)
```

```
    fmt.Println(s)
}
```

struct（構造体）

C言語と同様にstructで構造体の型を定義します。以下はstructによる型定義にUserという名前を付けることを意味しています。

```
type User struct {
    Name string
    Age  int
}
var user User
user.Name = "Bob"
user.Age = 18
```

型名や変数名、関数名などと同様に、structのフィールドについても他のパッケージから参照するには先頭を大文字にする必要があります。たとえば、以下の例ではNameは他のパッケージから参照可能ですが、ageは参照できません。

```
type User struct {
    Name string
    age  int
}
```

ここで注意ですが、標準パッケージであるencoding/jsonを使い、このUser structのJSON文字列を得る場合にもこのルールが適用されます。小文字であるageはencoding/jsonから参照することができないため、生成されるJSONにageは含まれなくなります。

宣言と初期値の代入を一度に行うこともできます。

```
user := User {
    Name: "Bob",
    Age:  18,
}
```

これは以下と同じです。

```
var user User
user.Name = "Bob"
user.Age = 18
```

関数の引数などにstructのデータを渡すと都度、コピーが行われます。コピーのオーバーヘッドをなくすのであれば、ポインタを使うと良いでしょう。

```
func showName(user *User) {
    fmt.Println(user.wName)
}

func main() {
    user := User {
        Name: "Bob",
        Age:  18,
    }
    showName(&user)
}
```

ここでは&を使っています。これは参照と呼び、ポインタを受け取る関数に実体の変数を渡す際に利用します。ポインタについては後述します。

メソッド

GoにはC言語と異なり、メソッドが導入されています。メソッドを説明する前にまずtypeを説明します。

```
type Value int
 (1)   (2)  (3)
```

structの説明で記述したようにtypeは(3)で指定した型に対して、(2)で示す名前を付けます。これはstructに限りません。

別名を付けた型にはメソッドを定義することができます。別名を付けていないintやstringなどのビルトインの型に対しては、メソッドを追加することはできません。

```
func (v Value) Add(n Value) Value {
    return v + n
}
```

この関数は、型ValueにAddというメソッドを宣言し、引数nとそのValue自身であるvを足して返却するというものです。vはレシーバと呼びます。以下のように実行することができます。

```
func main() {
    v := Value(1)
    v = v.Add(2)
```

```
    fmt.Println(v) // 3が表示される
}
```

Value(1)はintの値1をValue型にキャストしています。

ポインタ

Goはポインタが扱えます。&を使ってポインタを得て*による実体の参照ができます。

```
v := 1
p := &v
*p = 2
fmt.Println(v) // 2が表示される
```

以下の例を見てください。

```
user := new(User)
user.Name = "Bob"
user.Age = 18
```

structを動的に生成する場合にはnewを使うことができ、実際、前述のstructの定義の例と似ていますが、この例のuserは実はポインタです。Goでは実体のフィールド参照にもポインタのフィールド参照にも.を使います。C言語と同様に*でデリファレンスできます。

前述のValue型のメソッドAddで自己を変更するようにするには以下のように実装します。

```
func (v *Value) Add(n Value) {
    *v += n // レシーバをデリファレンスして代入
}

func main() {
    v := Value(1)
    v.Add(2)       // 自身を書き換える
    fmt.Println(v) // 3が表示される
}
```

つまりGoでは型に対して、実体のレシーバに対するメソッドと、ポインタのレシーバに対するメソッドを宣言することができます。実体のレシーバの場合、自己を変更することができません。またメソッドを呼び出す際には、レシーバのコピーが生成されます。

```
func (v Value) Add(n Value) {
    v += n // vはコピーされた値なので更新しても反映されない
}
```

C言語の場合、関数内の変数のポインタを関数の戻り値として返すと、スタックを参照してしまいプログラムがクラッシュしてしまいますが、Goはポインタが関数の外に返されるかどうかを自動で判断し、スタックからヒープに切り替えてくれます。これはエスケープ解析と呼ばれます。

```
func Bob() *User {
    // 関数内の変数userのポインタを関数外へ返す
    user := User {
        Name: "Bob",
        Age:  18,
    }
    return &user
}
```

interface{}またはany

Goにはどの型の値でも格納できる型`interface{}`があります。以下のように扱うことができます。

```
var v interface{}
v = 1
v = "こんにちは世界"
```

`interface{}`型の変数から値を取り出し、元の型に戻すには型アサーション（type assertion）を行う必要があります。

```
var v interface{}

v = 1
n := v.(int)

v = "こんにちは世界"
s := v.(string)
```

間違った型で型アサーションを行うとpanicが発生します。正しい型アサーションができなかったことを確認するには以下のように実行します。

```
s, ok := v.(string)
if !ok {
    fmt.Println("vはstringではない")
```

```
} else {
    fmt.Printf("vは文字列 %q です\n", s)
}
```

これも1行で書くことができます。

```
if s, ok := v.(string); !ok {
    fmt.Println("v は string ではない")
} else {
    fmt.Printf("vは文字列 %q です\n", s)
}
```


どんな値でも引数として受け取れ、処理できる関数を実装するには型スイッチ（type switch）を使うことができます。

```
func PrintDetail(v interface{}) {
    switch t := v.(type) {
    case int, int32, int64:
        fmt.Println("int/int32/int64 型:", t)
    case string:
        fmt.Println("string 型:", t)
    default:
        fmt.Println("知らない型")
    }
}
```

ただし、この型スイッチは以下のようにtypeで定義された別の型（underling type）を扱うことはできません。

```
type V int
var v V = 123
PrintDetail(v)
```

この場合、Vはint、int32、int64のいずれにも該当しないため「知らない型」が表示されます。

Vを扱うにはswitch caseにVそのものを含めなければなりません。type定義された型でも扱えるようにするためにはreflectパッケージを使う必要があります（**リスト3.2**）。

リスト3.2　reflectパッケージの使用例

```
package main

import (
    "fmt"
```

```
    "reflect"
)

func PrintDetail(v interface{}) {
    rt := reflect.TypeOf(v)
    switch rt.Kind() {
    case reflect.Int, reflect.Int32, reflect.Int64:
        fmt.Println("int/int32/int64 型:", v)
    case reflect.String:
        fmt.Println("string型:", v)
    default:
        fmt.Println("知らない型")
    }
}

func main() {
    type V int
    var v V = 123
    PrintDetail(v)
}
```

本書ではreflectパッケージの使い方は説明しません。詳細はreflectパッケージのドキュメント[注3.4]を参照ください。

なおGoのバージョン1.18以降から`interface{}`はanyで置き換えられるようになりました。上記で記述している`interface{}`はanyで置き換えて記述してもコンパイルすることができます。

コンストラクタ

GoにはC++やJavaのようなコンストラクタがありません。初期処理としてstructの初期化を行い、そのstructのポインタを返したいような場合は、Goでは習慣としてNewを接頭語に付けた関数を用意します。

```
func NewUser(name string, age int) *User {
    return &User {
        Name: name,
        Age: age,
    }
}
```

このNewはあくまで習慣であり、GoコンパイラがNewを特別扱いしているわけではありません。

注3.4　https://pkg.go.dev/reflect

インターフェース

structは実体を持つデータですが、interfaceはメソッドを持つ型のインターフェースを定義できます。

```
type Speaker interface {
    Speak() error
}
```

このSpeakerは、メソッドにSpeakを持つ型を表します。

```
type Dog struct {}

func (d *Dog) Speak() error {
    fmt.Println("BowWow")
    return nil
}

type Cat struct {}

func (c *Cat) Speak() error {
    fmt.Println("Meow")
    return nil
}
```

このようにメソッドSpeakを持つ型DogとCatの値は、Speaker型の変数に代入することができます。

```
func DoSpeak(s Speaker) error {
    return s.Speak()
}

func main() {
    dog := Dog{}
    DoSpeak(&dog) // BowWowが表示される

    cat := Cat{}
    DoSpeak(&cat) // Meowが表示される
}
```

Dogだけさらに別のメソッドを持っていてもかまいません。

Goではこのように、型そのものがインターフェースSpeakerを実装していることを明示しなくても良い設計を採用しています。これをダック・タイピングと呼びます（P.68コラム参照）。

前述のinterface{}（またはany）はつまり、「どんなメソッドを持っていても」どころか「メソッドを持っていなくても」代入可能な型ということになります。

defer

deferは後処理を記述できます。Goにおける後処理とは関数を抜ける際に実行される処理をdeferで宣言することを意味します。

```
package main

import (
    "fmt"
    "log"
    "os"
)

func main() {
    f, err := os.Open("data.txt")
    if err != nil {
        log.Fatal(err)
    }
    defer f.Close() // 後で呼ばれる

    var b [512]byte
    n, err := f.Read(b[:])
    if err != nil {
        log.Fatal(err)
    }
    fmt.Println(string(b[:n]))
}
```

os.Openはファイルを開く標準関数です。f.Closeが呼ばれるまではシステムリソースを保持します。この処理を実行するとf.Close()はmain関数が終了する際に実行されます。また、呼び出し時に使われる変数はキャプチャされます。

```
f, err := os.Open("data01.txt")
if err != nil {
    log.Fatal(err)
}
defer f.Close()

f, err = os.Open("data02.txt")
if err != nil {
    log.Fatal(err)
```

```
}
defer f.Close()
```

この例を実行するとfは上書きされてしまいますが、どちらもdefer指定時のfがキャプチャされるため、それぞれのdeferで正しくファイルが閉じられます。またdeferは指定された順とは逆順に実行されます。

```
func main() {
    defer fmt.Println("6")
    defer fmt.Println("5")
    defer fmt.Println("4")
    fmt.Println("1")
    fmt.Println("2")
    fmt.Println("3")
}
```

たとえば、このソースコードを実行すると1から6が順番に表示されます。ですので、ディレクトリとファイルを生成して処理を行ったあと、ファイルを閉じてディレクトリを削除するといった後処理も簡単に実装することができます。

リスト3.3では、たとえば、ディレクトリは作成できたけれどファイルを作ることができなかった、またはファイルに書き込むことができなかった、といった場合でもdeferが呼び出されているので、確実にファイルディスクリプタを閉じることができ、かつディレクトリも確実に削除されます。

リスト3.3　deferでファイル処理の後処理を実装

```
func doSomething(dir string) error {
    err := os.Mkdir(dir, 0755)
    if err != nil {
        return err
    }
    defer os.RemoveAll(dir)

    f, err := os.Create(filepath.Join(dir, "data.txt"))
    if err != nil {
        return err
    }
    defer f.Close()

    // ファイルを使った処理
}
```

Windowsでは通常、ファイルハンドルが開かれた状態でディレクトリを削除することはできませんが、deferを使うことでこの問題もおきません。

1点、気をつけないといけないのは、deferは関数スコープで実行されるということです。以下のコードのdeferはループごとには実行されません。すべての関数が終了する際に実行されてしまいます。

```
for i := 0; i < 100; i++ {
    f, err := os.Open("data.txt")
    if err != nil {
        return err
    }
    defer f.Close()

    // do something
}
```

また、deferには無名関数を渡すことができます(**リスト3.4**)。

リスト3.4 deferに無名関数を渡す

```
func doSomething() {
    var n = 1
    defer func() {
        fmt.Println(n)
    }()

    n = 2
}
```

リスト3.5のソースコードと動作が違う点に注意してください。

リスト3.5 deferに通常の関数を渡す

```
func doSomething() {
    var n = 1
    defer fmt.Println(n)

    n = 2
}
```

リスト3.4ではnはキャプチャされていません。ですので出力は2ですが、**リスト3.5**はnがキャプチャされているため1が出力されます。deferは最後に実行されるため、**リスト3.6**と同じであると考えるとわかりやすいはずです。

リスト3.6 リスト3.4と同じ処理

```
func doSomething() {
    var n = 1
    n = 2
```

```
    func() {
        fmt.Println(n) // 2
    }()
}
```

一方、無名関数を使わない場合は呼び出し時にnがキャプチャされるので**リスト3.7**と同じになります。

リスト3.7　リスト3.5と同じ処理

```
func doSomething() {
    var n = 1
    n = 2

    fmt.Println(1) // deferが実行されたときのnは1なので実質これと同じ
}
```

◆　◆　◆

そのほか、Goの構文についてはドキュメント[注3.5]を参照ください。

3.5 goroutine（ゴルーチン）

Goの特徴的な機能の1つにgoroutineがあります。goroutineはGoのランタイムで管理された軽量なスレッドです。

```
message := "hi"
go sendMessage(message)
```

goroutineを実行するには、関数呼び出しの前にgoを付けるだけです。goroutineは関数呼び出しに対して行われ、その呼び出し時には引数がキャプチャされます。ですので、以下のようにmessageを変更しても呼び出される引数は変わりません。

```
message := "hi"
go sendMessage(message)
message = "ho"
```

注3.5　https://go.dev/ref/spec

ただし、無名関数を使う場合にはタイミングにより書き換えのほうが先に実行されてしまう可能性があります。

```
message := "hi" // (1)
go func() {
    sendMessage(message) // (2)
}()
message = "ho" // (3)
```

(1) (2) (3) という順に実行されることを期待するかもしれませんが、Goのランタイムスケジューラが (3) よりも (2) を先に実行するかはわかりません。以下の例ではhoが2回出力されることがあります。

```
func sendMessage(msg string) {
    println(msg)
}

func main() {
    message := "hi"
    go func() {
        sendMessage(message)
    }()
    message = "ho"

    time.Sleep(time.Second)
    println(message)
    time.Sleep(time.Second)
}
```

これはrace conditionと呼ばれ、goroutineとその呼び出し元との間でデータ競合が起きていることを意味します。

race conditionは実行していても不整合が起きるまでは気づくことができませんが、Goにはrace condition detectorが付属されており、コンパイル時に-raceを付けて実行することでランタイムがrace conditionを検出してくれます。

```
$ go build -race main.go
$ ./main
==================
WARNING: DATA RACE
(..略..)
==================
ho
ho
```

goroutineは関数の中で実行しても動き続けます。逆に言うと、main関数の中で実行するとgoroutineが実行中にもかかわらずmain関数の終了とともに強制終了してしまいます。main関数がgoroutineの終了を待つためにはsyncパッケージを使う必要があります（**リスト3.8**）。

リスト3.8　syncパッケージの使用例

```
package main

import (
    "fmt"
    "sync"
)

func main() {
    var wg sync.WaitGroup
    wg.Add(1) // リファレンスカウンタを+1する
    go func() {
        defer wg.Done() // リファレンスカウンタを-1する
        // 重たい処理
    }()

    // 別の重たい処理

    wg.Wait() // リファレンスカウンタが0になるまで待つ
}
```

このように、重たい処理を並行して行えるのがgoroutineです。一般的なプログラムは計算処理だけでなく、通信を行ったりファイルのI/Oを行ったりと、CPUを使用しない部分で多く時間を使います。その分だけCPUは遊んでいることになります。そういった、CPUを使わない時間に別の処理を実行できるという点が並行処理のメリットです。上の例ではmain関数とgoroutineの2つだけですが、必要に応じてさらに多くのgoroutineを起動することで、よりCPUを有効活用した処理が実装できます。syncパッケージの使い方は後の章で解説します。

なおgoroutineをループ内で使う際には注意が必要です。

```
var wg sync.WaitGroup
for i := 0; i < 10; i++ {
    wg.Add(1)
    go func() {
        defer wg.Done()
        fmt.Println(i)
    }()
}
wg.Wait()
```

さて、これを実行するとどう表示されるでしょうか。答えはこうです。

```
10
2
10
10
10
10
10
10
6
10
```

実行するごとに異なる結果が出ると思います。これはgoroutineの中で参照している変数iをfmt.Printlnで表示しようとしているときにはすでに、forループが終了してしまっている可能性があるからです。そうすると、ループ変数iは10になります。ですので、結果に10が多くなっているのです。これを回避するにはループのスコープの中で新たな変数を宣言してやります（★部分）。

```
var wg sync.WaitGroup
for i := 0; i < 10; i++ {
    v := i // ← ★（i := i を使ってもかまいません）
    wg.Add(1)
    go func() {
        defer wg.Done()
        fmt.Println(v)
    }()
}
wg.Wait()
```

これを実行すると期待どおり、個々のgoroutineが正しいループ変数iを参照できているのがわかると思います。

```
0
1
5
3
4
9
7
8
6
2
```

ただし、変数に代入するものが大きなstructや大きなbyte配列の場合もあります。そういった場合にはコピーにかかるコストが実行時間に影響してしまいます。rangeを使ってループしている場合には、以下のように無名関数の引数として渡す方法もあります。

```
for _, tt := range tests {
    wg.Add(1)
    go func(tt *Test) {
        defer wg.Done()
        fmt.Println(tt.name)
    }(&tt)
}
wg.Wait()
```

また、ループカウンタを使ってgoroutine内から参照する方法でも良いでしょう。

```
for i := range tests {
    i := i
    wg.Add(1)
    go func() {
        defer wg.Done()
        fmt.Println(tests[i].name)
    }()
}
wg.Wait()
```

goroutineの呼び出し元とgoroutine内で同じ変数を参照・更新する場合にも注意が必要です。前述のように、race conditionが発生した場合にはどのような結果になるかが保証されていません。データを保護するにはsync.Mutexを使って保護する必要があります。

たとえば、**リスト3.9**のプログラムでは2000が表示されないことがあります。

リスト3.9　race conditionが発生するプログラム

```
package main

import (
    "fmt"
    "sync"
)

func main() {
    n := 0

    var wg sync.WaitGroup
    wg.Add(2)

    go func() {
        defer wg.Done()
        for i := 0; i < 1000; i++ {
            n++
        }
```

```
    }()

    go func() {
        defer wg.Done()
        for i := 0; i < 1000; i++ {
            n++
        }
    }()

    wg.Wait()
    fmt.Println(n)
}
```

n++はnの値に+1するオペレータですが、元のnの値を得て+1したタイミングで、他のgoroutineがさらに+1を実行してしまう可能性があるためです。このようなrace conditionを避けるためにsync.Mutexを利用します。

リスト3.10のプログラムは何回実行しても2000が正しく表示されます。

リスト3.10　リスト3.9にsync.Mutexを追加

```
func main() {
    n := 0

    var mu sync.Mutex

    var wg sync.WaitGroup
    wg.Add(2)

    go func() {
        defer wg.Done()
        for i := 0; i < 1000; i++ {
            mu.Lock()
            n++
            mu.Unlock()
        }
    }()

    go func() {
        defer wg.Done()
        for i := 0; i < 1000; i++ {
            mu.Lock()
            n++
            mu.Unlock()
        }
    }()

    wg.Wait()
```

```
    fmt.Println(n)
}
```

channel (チャネル)

channelはgoroutineに対してデータを送受信できるしくみです。まずは例を示します。

リスト3.11 channelの使用例

```
package main

import "fmt"

func server(ch chan string) {
    defer close(ch)
    ch <- "one"
    ch <- "two"
    ch <- "three"
}

func main() {
    var s string

    ch := make(chan string)
    go server(ch)

    s = <- ch
    fmt.Println(s) // oneが表示される
    s = <- ch
    fmt.Println(s) // twoが表示される
    s = <- ch
    fmt.Println(s) // threeが表示される
}
```

このプログラムを実行すると「one two hree」が画面に表示されます。

channelの作成にはmakeを使います。

```
ch := make(chan string)
```

chanのあとに送信するデータの型を指定します。そしてchannelを閉じるにはcloseを使います。

```
close(ch)
```

channelにデータを送信するためにはch <-を使います。またchannelからデータを受信するためには<- chを使います。channelからデータを受け取る処理に関してはforを使うことができます。

```
for _, s := range ch {
    fmt.Println(s)
}
```

このループを終了させるためにはgoroutine側でchannelを閉じる必要があります。

一見、単なるデータ受け渡しのしくみにしか見えないかもしれません。ですが、これが非同期処理に大きな影響をもたらします。

たとえば10個のURL文字列があるとします。それらが示すHTTPサーバ上のCSVファイルをダウンロードし、すべてをデータベースに登録する処理を書く場合、みなさんであればどのように実装するでしょうか。HTTPサーバからダウンロードする処理を10回まわして、それらCSVを読み込んでデータベースに登録する処理を書くのでしょうか。それとも、ダウンロードするごとにデータベースに登録するのでしょうか。

実はHTTPサーバからダウンロードする処理はCPUをあまり使いません。また、データベースに登録する処理もCPUをあまり使いません。これらを並行で動作させることで、CPUを有効に使い全体の処理時間を短くすることができます。

goroutineとchannelを使うことでそういった処理を簡単に実装できます（**リスト3.12**）。main関数からgoroutineを起動し、10個のURLを渡します。goroutineではループを使いHTTPサーバからダウンロードします。ダウンロードが完了したら都度、コンテンツをmain関数に渡します。main関数はダウンロードされたコンテンツを都度goroutineから受け取ってCSVをパースし、データベースに登録します。このように実装することで、CSVファイルをパースしたりデータベースに登録したりしている最中であってもHTTPサーバからのダウンロードが継続されることになります。

リスト3.12　goroutineとchannelを使った例

```
func downloadCSV(wg *sync.WaitGroup, urls []string, ch chan []byte) {
    defer wg.Done()
    defer close(ch) // 終わったら閉じる (5)

    // HTTPサーバからのダウンロード
    for _, u := range urls {
        resp, err := http.Get(u)
        if err != nil {
            log.Println("cannot download CSV: ", err)
            continue
        }
        b, err := ioutil.ReadAll(resp.Body)
        if err != nil {
            resp.Body.Close()
            log.Println("cannot read content: ", err)
            continue
        }
```

```
        resp.Body.Close()
        ch <- b // main関数にコンテンツを送信 (3)
    }
}

func main() {
    urls := []string {
        "http://my-server.com/data01.csv",
        "http://my-server.com/data02.csv",
        "http://my-server.com/data03.csv",
        (..略..)
    }

    // バイト列を転送するためのchannelを作成 (1)
    ch := make(chan []byte)

    var wg sync.WaitGroup
    wg.Add(1)
    go downloadCSV(&wg, urls, ch) // (2)

    // goroutineからコンテンツを受け取る (4)
    for _, b := range ch {
        r := csv.NewReader(bytes.NewReader(b))
        for {
            records, err := r.Read()
            if err != nil {
                log.Fatal(err)
            }
            // レコードの登録
            insertRecords(records)
        }
    }
    wg.Wait()
}
```

この例でのchannelを使ったデータのやりとりをまとめると以下の手順になります。

1. makeを使ってchannelを作成
2. goroutineにchannelを渡す
3. goroutineにてchannelへ送信
4. main関数にてchannelから受信
5. goroutineの終了時にchannelを閉じる

channelは基本、送信と受信それぞれをブロッキングします。つまり、main関数のforループ（**リスト3.12 (4)**）は、downloadCSVがコンテンツを送信（**リスト3.12 (3)**）するまでブロックします。

コンテンツが届いていないのにforループがまわり始めることはありません。

逆に、downloadCSVのコンテンツ送信（**リスト3.12（3）**）は、main関数がchannelから読み取りを行わない限りブロックします。つまり双方が準備ができて初めてブロックが解けることになります。

ここで、ダウンロード処理のほうが早く終わってしまう場合を考えます。HTTPサーバがイントラネットにある場合にはデータベースへの登録処理よりも早く終わることになるでしょう。そういった場合、downloadCSVでのchannelへの送信の際に発生するブロックが、main側の受信の際に発生するブロックよりも長くなってしまうことになります。

このような場合には、以下のようにchannelにバッファを持たせることができます。

```
ch := make(chan string, 5)
```

このバッファを5つ持ったchannelは、コンテンツが5つ登録されるまで送信がブロックされることはありません。また、コンテンツがいくつかバッファリングされている状態であれば、受信側もブロックされることはありません。うまく調整することで、非同期処理がさらに速くなります。ただし、ダウンロードしたコンテンツが、最も多い場合で5つ分メモリに保持されることになります。用途に合わせて調整する必要があります。

goroutineとchannelを使ったテクニックは、このほかにもたくさんあります。第6章で解説します。

制御構文（select）

前述のswitch文とは別に、Goにはselect文という似た構文があります。たとえば、2つのchannelを読み込むケースを考えます。前述のとおり、channelの読み込みはデフォルトでブロッキングするので1つめのchannelを待っている間に2つめのchannelを読み込むことができません。そういった場合にselectを使います。

```
select {
case v1 := <-ch1:
    // v1を使った処理
case v2 := <-ch2:
    // v2を使った処理
}
```

このように記述すると、ch1またはch2にデータが入ってくるまで両方を待つことができるため、効率が良くなります。また以下のようにdefaultを書くことで、channelにデータが入っていない場合の処理も実装できます。この場合はブロッキングされません。

```
select {
case v := <-ch:
```

```
    // vを使った処理
default:
    // chからデータが入って来なかった
}
```

この実装は、複数のgoroutineで重たい処理やブロッキングする処理を実行しつつ、main関数側でそれらのgoroutineからデータ入力がない間にも他のことをしたいといったケースでとても便利です。

```
for {
    select {
    case ev := <-keyCh:
        // キー入力があった
    case ev := <-recvCh:
        // 受信データがあった
    default:
        // 何も更新がないのでアニメーションを更新する
    }
}
```

3.6 Goモジュールとは

Goモジュールとは、複数のパッケージから構成された「依存を管理するためのしくみ」であり、そのしくみを利用する単位でもあります。ユーザーは、ユーザーが提供する複数のパッケージに対してそれが依存するパッケージを管理できます。本章冒頭の**リスト3.1**を実行するとgo.modは以下のようになっています。

```
module my-app

go 1.20
```

次にmain.goを以下のように変更します。

```
package main

import (
    "fmt"
```

```
    "github.com/mattn/go-runewidth"
)

func main() {
    fmt.Println(runewidth.StringWidth("こんにちは"))
}
```

ここでmy-appはgo-runewidthに依存することになります。このまま実行してもコンパイルエラーが発生します。これはmy-appがgo-runewidthに依存しているにもかかわらず、go.modにそれが明記されていないからです。以下のコマンドを実行してgo.modを更新しましょう。

```
$ go get github.com/mattn/go-runewidth
```

するとgo.modが以下のように変更されるはずです。

```
module my-app

go 1.20

require (
    github.com/mattn/go-runewidth v0.0.13 // indirect
    github.com/rivo/uniseg v0.2.0 // indirect
)
```

go-runewidthとunisegが追加されました。これはgo-runewidthがunisegに依存しているためです。ソースコードに新しい外部のパッケージを取り込みたい場合は、このように`go get`を使って依存を解決する必要があります。バージョンを指定して以下のように実行することもできます。

```
$ go get github.com/mattn/go-runewidth@v0.0.12
```

最新バージョンにバグがあったり、破壊的な変更がされたりしている場合には、バージョンを指定するのが良いでしょう。

このように、追加したパッケージや消したパッケージについて毎回コマンドを実行するのは面倒です。ましてや複数のパッケージを追加した場合には大変です。そのような場合は以下のコマンドを実行すると便利です。

```
$ go mod tidy
```

このコマンドを実行すると、追加されたり削除されたりしたパッケージをすべて解決しようとします。セマンティックバージョンの範囲の中で互換性のある最新バージョンが使われますので、もしかするとソースコードが期待しているバージョンと最新バージョンでインターフェース上の差異があるかもしれません。その場合は、前述のようにバージョンを指定しなおすと良いでしょう。

go.modに記述されたGoのバージョンは、そのバージョンよりも後に導入された機能を拒否することを示します。このバージョンを修正する場合は以下を実行します。

```
$ go mod edit -go=1.16
```

`go build`は通常、go.modとgo.sumに書かれた依存情報により、必要なバージョンのモジュールをダウンロードしてビルドしますが、go.modと同じディレクトリにあるvendorというディレクトリに置かれたモジュールのソースコードは優先して参照されます。たとえば、ネットワーク通信ができないような環境でビルドしたり、特定のモジュールにローカルでパッチを当ててビルドしたりしたいといったケースでvendorは便利です。以下のコマンドを実行すると、go.modとgo.sumに書かれたモジュールが一括でvendorディレクトリにダウンロードできます。

```
$ go mod vendor
```

go.modの配置

go.modにはそのモジュールが参照するすべての依存パッケージが記載されます。たとえば、examplesディレクトリにあるサンプルコードが、本体には必要ないパッケージを使っていた場合でも追記されます。

パッケージ本体しか使わないのに、examplesにあるプログラムが参照しているからという理由だけで、パッケージの利用者がその依存物をダウンロードさせられるのは困ります。

```
├── LICENSE
├── README.md
├── foobar.go
├── foobar_test.go
├── examples
│   ├── example1
│   │   └── main.go
│   └── example2
│       └── main.go
├── go.mod
└── go.sum
```

このような場合には、examplesディレクトリの直下にgo.modを配置することで、パッケージの利用者に、examplesが利用する依存パッケージをダウンロードさせないようにできます。

```
├── LICENSE
├── README.md
├── foobar.go
├── foobar_test.go
├── examples
│   ├── example1
│   │   └── main.go
│   ├── example2
│   │   └── main.go
│   ├── go.mod … examples配下専用
│   └── go.sum
├── go.mod
└── go.sum
```

replace

さて、前述でexamplesにgo.modを配置する話をしましたが、こうするとexamplesが使うパッケージ本体（foobar.go）も依存扱いになってしまいます。たとえばパッケージ本体に修正を入れたとしても、examplesの中では古いパッケージを参照したままになります。以下を実行し、examplesが参照しているfoobarは上位のディレクトリにあるものと同じであることを明示すると良いでしょう。

```
$ go mod edit -replace github.com/mattn/foobar=..
```

これを実行するとgo.modに以下が追記されます。

```
module examples

require (
    github.com/mattn/foobar v0.0.1 // indirect
)

replace github.com/mattn/blahblah = ..
```

こうすることで、examplesで使われるblahblahは、github.com/mattn/blahblahからではなくローカルディレクトリにあるものが使われます。まだ`git push`していない、ローカルで開発中のソースコードでも実行できるので有用です。

go install

`go install`コマンドを使うと、パッケージをビルドしてインストールできます。パッケージをインストールすると、以降そのパッケージを使ったプロジェクトをビルドする際に、再度ビルドされることがありません。

また、mainパッケージを含んだパッケージをインストールすると、実行ファイルがインストールされます。コマンドラインプログラムを配布する際には、実行ファイルそのものを配布することもできますが、Goコンパイラをインストールしているユーザーに対しては、この`go install`コマンドを使ってインストールしてもらうこともできます。

```
$ go install github.com/mattn/twty@latest
```

「latest」はバージョンを意味します。特定バージョンのコマンドをインストールする場合は以下のようになります。

```
$ go install github.com/mattn/twty@v0.0.12
```

`go get`コマンドはカレントディレクトリにあるgo.modを変更しますが、`go install`はgo.modを変更することはありません。

3.7 プロジェクトレイアウト

Goのプロジェクトのディレクトリ構成にはいろいろと流儀があります。すべての流儀を紹介することはできませんので一例を紹介します。以下のスタイルはその中でもよく使われるスタイルで、筆者も使っています。

```
├── go.mod
├── go.sum
├── blahblah.go
├── blahblah_test.go
├── cmd
│   └── blahblah
│       └── main.go
└── subpkg
    └── subpkg.go
```

プロジェクトのルートディレクトリにパッケージの本体のソースコードを置き、パッケージ分割が必要な場合はディレクトリを作成してサブパッケージとし、実行ファイルを提供する場合はcmd配下に実行ファイル名のディレクトリを作成してmain.goを置くスタイルです。

Goコンパイラはgo buildを引数なしで実行した場合、カレントディレクトリ名をもとに実行ファイル名を決定します。カレントディレクトリにgo.modがある場合、go.modに記載されたパスのファイル名部分が実行ファイル名に使われます。cmd/blahblahのようにgo.modが存在しない場合はディレクトリ名が使われます。上記の例であればblahblahが実行ファイル名になります。

3.8 lint文化

Goにはコンパイル時の警告がありません。正常にコンパイルされるか、コンパイルエラーか、どちらかしかありません。ただしGoではlintにより、ソースコードを静的解析して、コーディング上で相応しくない書き方を検出するのが一般的です。

他のプログラミング言語ではlintを通すことがユーザーの選択に委ねられる状況と比べると、Goではlintを通すことがマナーの一種と扱われており、これは文化と言って良いと筆者は考えています。

go vet

go vetはGoに標準で付属する静的解析ツールです。

```
package main

import (
    "fmt"
)

func main() {
    fmt.Printf("%s %s", "hello")
}
```

上記のソースコードがあるディレクトリでgo vetを実行すると静的解析した結果が表示されます。

```
$ go vet
# go-book/vet
./main.go:8:2: fmt.Printf format %s reads arg #2, but call has 1 arg
```

この例はfmt.Printfに指定した書式が2つの引数を要求しているのに対し、1つしか指定されなかったことを検出しています。

lintを使うと関数のコメントが記述されていないことに関しても警告が出力されます。

revive

Goはもともと標準でlint機能をサポートしており、golintと呼ばれていました。長い間、Goのユーザーに使われてきましたが、保守が難しくなり2020年6月に開発継続を断念しました。ひとまず`go vet`とgolintだけ通しておけば一定の品質は確保できるという理由でデファクトスタンダードであったため、多くのGoユーザーがCIで利用してきました。

それ以降、サードパーティ製のlintツールがいくつか誕生しました。その1つがrevive[注3.6]です。reviveはgolintの後継と言って良いでしょう。これまでのgolintの機能や性能を維持しているだけでなく、6倍速くなりカスタマイズも可能になっています。

golangci-lint

もう1つ紹介するのがgolangci-lint[注3.7]です。Goの静的解析ツールは本当にたくさん存在するのですが、それらをひとまとめにして実行してくれるツールです。

GoのプロジェクトをGitHub ActionsのようなCIでテストする際にはよく使われます。

3.9 go fmt

`go fmt`もGoらしい文化です。Goでは標準でソースコードフォーマッタが用意されています。

Goのフォーマッタには設定項目がありません。いろいろなプログラミング言語でコードフォーマッタが提供されていますが、その多くには設定項目が用意されています。ユーザーの好みに合わせてインデント幅や、括弧の位置などが変更できます。しかしそれらを許してしまうと、無駄な手直しが発生したり、自転車置き場の議論に発展したりしかねません。1つに決まったルールを皆が認め、それを使い続けることにより、大切な時間を無駄に消費することが少なくなる、ということを我々は`go fmt`に教えてもらったと筆者は思っています。

注3.6 https://github.com/mgechev/revive
注3.7 https://github.com/golangci/golangci-lint

3.10 まとめ

Goの基本的な文法、標準ライブラリやツールを使ったベストプラクティスを解説しました。おおよそGoがどのような文法を扱い、どのように開発していくのかを理解いただけたと思います。これらは普段Goを使ううえで必要になる要素です。何度も使っていく内に手に馴染んでくると思います。

COLUMN

おまじない

ダック・タイピングは便利ではあるものの、逆に型がインターフェースを実装しているかの保証はしてくれません。もちろん、そのインターフェースを利用するコードがあればコンパイルエラーを起こしてくれますが、提供するものがライブラリである場合にはテストを実行しないと気づけないことになります。

そこで、おまじないとして次のようにインターフェースIの型を持つ変数_に型fooのポインタ型nilを代入しておくことで、わざわざコンパイルをしなくても、IDEがエラーを検知して間違いに気づくことができます(_は特別な変数であり、使用することはできません)。

```
package zoo

var _ I = (*foo)(nil)

type I interface {
    doSomething()
}

type foo struct {
}

func (f *foo) doSomething() {
```

このようにしておくことで、万が一インターフェースに変更が入ったとしてもすぐに気づくことができます。

第 **4** 章

基本テクニックと ベストプラクティス

本章では第3章で解説した基本文法と、標準パッケージを使った、開発において頻出のテクニックを紹介します。関数ごと、パッケージごとのベストプラクティスのほか、Functional Options PatternやBuilder Patternといった実装パターンも紹介します。なお、goroutine/channelについては第6章にて紹介します。

4.1 ビルトイン関数

printとprintln

どちらもGoのビルトイン関数です。引数の値を表示しますが、標準エラー(stderr)に対する出力となります。

```
println("Hello World")
```

Goではprintやprintlnはあくまでデバッグ用のメッセージ出力関数という位置付けになっています。標準出力(stdout)に出力したい場合はfmtパッケージを使います。デバッグや、fmtをimportするのも面倒になる程度の(人に伝えるためだけの)書き捨てコードではprint/printlnが使われますが、本番のソースコードには残すべきではありません。

panicとrecover

GoにはC言語のassertに相当するpanic関数があります。例外を発生させてプログラムを強制停止します。ただしこの例外は、言語仕様として例外をサポートしているプログラミング言語、たとえばJavaやC#の例外と同じ機能ではありません。あくまでプログラムを強制停止するためのものです。

通常は「これ以上プログラムが動作してはいけない」といったケースでのみ使います。当然、ユーザーに正しいエラーメッセージを伝えるのには向きません。

```
if mustExists(file) {
    panic("The file must exists. Something wrong.")
}
```

このコードを実行するとスタックトレースが出力されます。

```
panic: The file must exists. Something wrong.

goroutine 1 [running]:
main.main()
```

```
    /home/mattn/dev/go-sandbox/panic/main.go:10 +0x27
exit status 2
```

Goでは復旧可能な例外と復旧不可能な例外があります。下記のようなゼロ除算やnilポインタのデリファレンス、配列の境界外アクセスなどはランタイムでpanicが呼び出されます。

● ゼロ除算

```
var n int
println(1 / n)
```

● nilポインタのデリファレンス

```
var p *int
println(*p)
```

● 配列の境界外アクセス

```
var a [2]int
n := 2
println(a[n])
```

これらのpanicはrecoverにより復帰することができます。recoverはdeferの中で呼び出さなければなりません。

```
package main

import "fmt"

func main() {
    defer func() {
        if e := recover(); e != nil {
            fmt.Println(e)
        }
    }()
    var a [2]int
    n := 2
    println(a[n])
}
```

このプログラムを実行すると、配列の境界外アクセスによりランタイムでpanicが発生し、main関数が強制終了しようとします。deferにより後処理が実行されますが、recoverによりランタイムpanicを捕捉して復帰することができます。recoverから返される値は`interface{}`型（any）であり、何が格納されているかはわかりません。**リスト4.1**のように、文字列を引数にpanic関数を呼び出した場合にはrecoverから返される値には文字列が格納されます。

リスト4.1 recoverから返される値には文字列が格納される

```
package main

import "fmt"

func main() {
    defer func() {
        if e := recover(); e != nil {
            fmt.Printf("%[1]T: %[1]s\n", e)
            // string: my error
        }
    }()
    panic("my error")
}
```

一方、ランタイムpanicの場合はerror型の値が格納されます（**リスト4.2**）。

リスト4.2 recoverから返される値にはerror型の値が格納される

```
package main

import "fmt"

func main() {
    defer func() {
        if e := recover(); e != nil {
            fmt.Printf("%[1]T: %[1]s\n", e)
            // runtime.boundsError: runtime error: index out of range [2] with length 2
        }
    }()
    var a [2]int
    n := 2
    println(a[n])
}
```

通常、意図しないpanicが起き得るということは、そのプログラムにはバグがあることを意味するため、不用意にrecoverを呼び出すべきではありません。プログラムは落ちるべくして落ちたほうが良く、それを止めるべきではありません。nilポインタをデリファレンスしてしまう可能性があるのであれば事前にポインタがnilかをチェックすべきですし、ゼロ除算が行われる可能性があるのであれば事前に除数がゼロかをチェックすべきですし、配列境界外にアクセスしてしまう可能性があるのであれば事前に配列サイズをチェックすべきです。そしてそういった、プログラマーが意図しない値を受け取り得る関数は戻り値にerrorを含むべきです。

COLUMN

Explicit is better than implicit, Simple is better than complex

たとえば、引数として2つの値を取り、浮動小数点の値として割り算した結果を表示するプログラムを考えてみてください。いくつエラーが発生する可能性があるでしょうか。

1つだと思った方は、RubyかPerlをメインで扱っておられるプログラマーかもしれません。以下のRubyのソースコードを見てください。

```
puts ARGV[0].to_f / ARGV[1].to_f
```

よくプログラムは短いほうが良いと力説される方がいます。本当にそうでしょうか？　このプログラムに引数を与えなかった場合はどうなりますか？　1つだけ与えた場合はどうなりますか？

数値でない引数を与えた場合はどうなりますか？　除数が0の場合はどうなりますか？　Goの答えは**リスト4.A**です。

リスト4.A　引数を割り算し浮動小数点の値として結果を表示するプログラム

```
package main

import (
    "errors"
    "fmt"
    "os"
    "strconv"
)

func divide(a, b float64) (float64, error) {
    if b == 0 {
        return 0, errors.New("Divisor must not be zero")
    }
    return a / b, nil
}

func main() {
    if len(os.Args) != 3 {
        fmt.Fprintln(os.Stderr, "Number of arguments must be 2")
        os.Exit(1)
    }
    a, err := strconv.ParseFloat(os.Args[1], 64)
    if err != nil {
        fmt.Fprintf(os.Stderr, "First argument must be float value: %v", err)
        os.Exit(1)
    }
    b, err := strconv.ParseFloat(os.Args[2], 64)
    if err != nil {
```

```
        fmt.Fprintf(os.Stderr, "Second argument must be float value: %v", err)
        os.Exit(1)
    }
    result, err := divide(a, b)
    if err != nil {
        fmt.Fprintf(os.Stderr, "Invalid argument: %v", err)
        os.Exit(1)
    }
    fmt.Println(result)
}
```

面倒に感じる方もいるかもしれません。もしかすると、この冗長とも思えるソースコードに拒否反応を示す方もいるかもしれません。しかし考えてみてください。たとえばこのプログラムを知らない人に渡して実行してもらったとしましょう。ユーザーがどんな引数でコマンドを実行するかはわかりません。すべての発生し得るエラーに対してユーザーに原因を伝えたいのであれば、すべてのエラーを明示的に捕捉すべきです。

GoではZen of Python[注4.A]に含まれる2つの考え方を重視しています[注4.B]。

- Explicit is better than implicit
  明示的であることは暗黙的であることよりも優れている
- Simple is better than complex
  単純であることは複雑であることよりも優れている

ここで言う単純（Simple）は簡単（Easy）とは異なります。言語仕様が単純であるからこそ実装するのが簡単になるというのがGoの狙いです。

もちろんGoでも、上記のRubyと同じようなプログラムを実装することはできます（**リスト4.B**）。

リスト4.B　リスト4.Aを短くしたプログラム（エラーは十分に伝えられず）

```
package main

import (
    "fmt"
    "os"
    "strconv"
)

func main() {
    defer func() {
        if e := recover(); e != nil {
```

注4.A　https://peps.python.org/pep-0020/
注4.B　https://go.dev/talks/2012/zen.slide#12

```
fmt.Fprintln(os.Stderr, e)
        }
    }()
    a, _ := strconv.ParseFloat(os.Args[1], 64)
    b, _ := strconv.ParseFloat(os.Args[2], 64)
    fmt.Println(a / b)
}
```

ずいぶん短くなりました。しかし、発生し得るエラーをユーザーに伝えることはできなくなりました。Goはエラーを明示的にハンドリングすることの重要さを、言語仕様として伝えています。エラーが起き得る関数ではerrorを返すべきです。

では、Goは毎回このようなプログラムを書かなければならないのか、と億劫に感じる方もいるかもしれません。うまくアイデアを絞り出すことができたら、プログラムは短くなるかもしれませんね（**リスト4.C**）。

リスト4.C　リスト4.Aを短くしたプログラム（エラーを十分に伝える）

```
package main

import (
    "errors"
    "fmt"
    "os"
    "strconv"
)

func divide(a, b float64) (float64, error) {
    if b == 0 {
        return 0, errors.New("Divisor must not be zero")
    }
    return a / b, nil
}

func exitIf(err error, message string) {
    if err != nil {
        fmt.Fprintf(os.Stderr, "%s: %v", message, err)
        os.Exit(1)
    }
}

func main() {
    if len(os.Args) != 3 {
        fmt.Fprintln(os.Stderr, "Number of arguments must be 2")
        os.Exit(1)
    }
    a, err := strconv.ParseFloat(os.Args[1], 64)
```

4

```
    exitIf(err, "First argument must be float value")
    b, err := strconv.ParseFloat(os.Args[2], 64)
    exitIf(err, "Second argument must be float value")
    result, err := divide(a, b)
    exitIf(err, "Invalid argument")
    fmt.Println(result)
}
```

init関数

Goにはinitという特殊な関数が存在します。init関数は、そのパッケージに含まれるグローバル変数が初期化されたタイミングで自動的に呼ばれます。

```
package main

var name = "John"

func init() {
    println("Hi! " + name)
}

func main() {
    println("Hello! " + name)
}
```

このソースコードを実行すると「"Hi! John"」のあと「"Hello! John"」が表示されます。また、importするパッケージも同様です。

```
package main

import (
    _ "my-init/init1"
    _ "my-init/init2"
    _ "my-init/init3"
)

func main() {
}
```

importしているinit1、init2、init3にそれぞれinit関数がある場合、main関数が呼ばれる前にそれらが呼び出されます。

このinit関数はimportされるパッケージ側で作用するため、ブランクimportとともに使われることがあります。ブランクimportはimportしたプログラムソース内ではそのパッケージを明示的に使用しないが、importすることで機能を利用することを宣言する目的で使われます。たとえば、Goでデータベースを利用する際にはdatabase/sqlパッケージと、データベースドライバをimportする必要がありますが、以下のようにドライバをブランクimportして利用します。

```
import (
    "database/sql"

    _ "github.com/lib/pq
)
```

pqではinit関数を利用してimportされた際にsql.Register関数を使用してドライバ「postgres」を登録しています。以下はpqのソースの一部です。

```
func init() {
    sql.Register("postgres", &Driver{})
}
```

4.2 パッケージ

fmtパッケージ

fmtパッケージはアプリケーションを開発する際に、恐らく一番よく使うパッケージでしょう。Goで数値を文字列に変換するためにはstrconvパッケージを使用しますが、もっと簡単に行う方法としてfmtパッケージが使われます。

```
x := 1
s := fmt.Sprint(x)
```

また、書式を使うこともできます。

```
x := 1
s := fmt.Sprintf("%05d", x)
```

標準出力にそのまま出力することもできます。

```
x := 1
fmt.Printf("%05d\n", x)
```

C言語を扱ったことがある方であれば馴染み深いと思います。開いたファイルに対して出力することもできます。

```
f, err := os.Create("output.dat")
if err != nil {
    panic(err)
}
defer f.Close()

fmt.Fprintf(f, "COUNT %05d\n", count)
```

fmtパッケージの書式により、structの中の情報を出力することもできます（**リスト4.3**）。

リスト4.3　structの中身をfmtパッケージで出力

```
package main

import (
    "fmt"
)

type F struct {
    Name string
    Age  int
}

func main() {
    f := &F{
        Name: "John",
        Age:  20,
    }

    fmt.Printf("%v\n", f)
}
```

実行すると以下が出力されます。

```
&{John 20}
```

リスト4.3の書式を以下のように変更してみましょう。

```
fmt.Printf("%+v\n", f)
```

フィールド名とその内容が出力されました。

```
&{Name:John Age:20}
```

さらに書式を変更してみましょう。

```
fmt.Printf("%#v\n", f)
```

struct名も出力されるようになりました。

```
&main.F{Name:"John", Age:20}
```

型名を出力したい場合には%Tを使います。

```
fmt.Printf("%T\n", f)
fmt.Printf("%T\n", *f)
```

以下のように出力されます。

```
*main.F
main.F
```

このようにfmtパッケージには、C言語のprintfにはない便利な書式が用意されています。

◯ Stringerインターフェース

GoではStringerインターフェースを使うことで、fmtパッケージの関数に与えた引数を明示的な文字列として出力することができます。Stringerインターフェースは以下の構造になっています。

```
type Stringer interface {
    String() string
}
```

型としてインターフェースを実装しておくと、fmtパッケージのいくつかの関数に引数として与えた際に、出力される文字列をカスタマイズすることができます（**リスト4.4**）。

リスト4.4　Stringerインターフェースの使用例

```
package main

import (
    "fmt"
```

```
)

type F struct {
    Name string
    Age  int
}

func (f *F) String() string {
    return fmt.Sprintf("NAME=%q, AGE=%d", f.Name, f.Age)
}

func main() {
    f := &F{
        Name: "John",
        Age:  20,
    }

    fmt.Printf("%v\n", f)
}
```

このソースコードを実行すると以下が出力されます。

```
NAME="John", AGE=20
```

Goでenumを実現するには型付きのconstを使うことが多いのですが、リスト4.5のようなswitch文を毎回書くのはとても手間ですし、抜け漏れが発生する恐れがあります。

リスト4.5　型付きのconstでenumを実現

```
type Fruit int

const (
    Apple Fruit = iota
    Orange
    Banana
)

func (i Fluit) String() string {
    switch i {
    case Apple:
        return "Apple"
    case Orange:
        return "Orange"
    case Banana:
        return "Banana"
    }
    return fmt.Sprintf("Fruit(%d)", i)
}
```

このような手間を省くために、Goにはstringerというコマンドが用意されています。以下の手順でインストールして下さい。

```
$ go install golang.org/x/tools/cmd/stringer@latest
```

リスト4.5のソースコードのファイル名がfluit.goである場合には以下のように実行します。

```
$ stringer -type Fruit fruit.go
```

-typeで指定しているFluitは型名です。実行すると**リスト4.6**のソースコードfruit_string.goが出力されます。

リスト4.6　リスト4.5からstringerコマンドで生成したfruit_string.go

```
// Code generated by stringer -type Fruit fruit.go; DO NOT EDIT

package main

import "fmt"

const _Fruit_name = "AppleOrangeBanana"

var _Fruit_index = [...]uint8{5, 11, 17}

func (i Fruit) String() string {
    if i < 0 || i >= Fruit(len(_Fruit_index)) {
        return fmt.Sprintf("Fruit(%d)", i)
    }
    hi := _Fruit_index[i]
    lo := uint8(0)
    if i > 0 {
        lo = _Fruit_index[i-1]
    }
    return _Fruit_name[lo:hi]
}
```

このファイルを一緒にビルドすると、switch文を自分で実装することなくconstの値が文字列で表示されます。毎回コマンドの実行方法を調べなくてもいいように、`go generate`で実行されるようにしておくと良いでしょう。

```
//go:generate stringer -type Fruit fruit.go
```

上記のようにgo:generateを記述しておくと、以下のコマンドで、記述したコマンドが実行されます。

```
$ go generate
```

logパッケージ

logパッケージは簡単なログのしくみを提供します。日付と文字列のみが出力されます。他のプログラミング言語にある、INFO/WARN/ERRORといったログレベルもサポートしていません。また出力形式もJSONなどは選べません。それらが必要な場合は、サードパーティライブラリを使う必要があります。

logパッケージでよく使う関数は以下の2種類です。

- log.Print (Printf、Println)
- log.Fatal (Fatalf、Fatalln)

logパッケージは標準エラーに出力しますが、SetOutputを使うことで出力先をファイルに変更することもできます。

```
f, err := os.OpenFile(filename, os.O_APPEND|os.O_WRONLY|os.O_CREATE, 0600)
if err != nil {
    panic(err)
}
log.SetOutput(f)
log.Println("app started")
```

logパッケージの出力関数は、改行で終了していない文字列を渡すと必ず改行が付け足されるようになっています。Printfはフォーマット付きの出力を行います。

```
log.Printf("cannot open file: %v", err)
```

fmtパッケージにあるPrintf (Sprintf) と扱いは同じですので、フォーマットの書式についてはfmtパッケージのドキュメントを参照してください。

また、Fatalはスタックトレースを出力したあとに、プログラムが強制終了するようになっています。この動作 (強制終了すること) に戸惑う方が多いようですが、これはFatalという名前が他のログ出力ライブラリのログレベルを連想してしまうからだと思われます。logパッケージにはログレベルのようなものは存在せず、単純にログ出力を行うPrint/Printf/Printlnと、ログ出力とともにプログラムを強制終了するFatal/Fatalf/Fatallnが存在するという認識をしておけば問題ありません。

プログラムの設定ファイルの読み込みや初期処理など、強制的に終了させても良いケースの場合に使うと便利です。

encoding/jsonパッケージ

JSONをエンコード／デコードするにはencoding/jsonパッケージを使用します。GoのJSONの取り扱い方は、他のプログラミング言語と比べて特徴的です（**リスト4.7**）。

リスト4.7　JSONパッケージの使用例

```
package main

import (
    "encoding/json"
    "fmt"
)

var content = `
{
    "species": "ハト",
    "decription": "岩にとまるのが好き",
    "dimensions": {
        "height": 24,
        "width": 10
    }
}
`

type Dimensions struct {
    Width  int `json:"width"`
    Height int `json:"height"`
}

type Data struct {
    Species   string  `json:"species"`
    Description string   `json:"description"`
    Dimensions  Dimensions `json:"dimensions"`
}

func main() {
    var data Data
    err := json.Unmarshal([]byte(content), &data)
    if err != nil {
        log.Fatal(err)
    }
}
```

Goのstructには「タグ」と呼ばれるメタ情報を付与することができます。タグは空白で区切られた複数の属性を持つことができます。

```
属性名1:"属性値1" 属性名2:"属性値2"
```

encoding/jsonはこのタグを参照し、JSONのフィールド名を取り扱います。上記の例では、DimensionsのWidthにはJSON上ではwidthという属性名が割り当てられます。Goでは外部のパッケージに対してフィールドを公開するためには先頭を大文字にしないといけませんが、このタグを使うことでオブジェクトのキー名が小文字のJSONも扱えるようになります。

通常、固定のJSON文字列をパースする場合にはjson.Unmarshalを使いますが、ネットワーク通信のストリームやファイルなどを扱う場合はデコーダを使います。

```
f, err := os.Open("input.json")
if err != nil {
    log.Fatal(err)
}
defer f.Close()

var data Data
err := json.NewDecoder(f).Decode(&data)
if err != nil {
    log.Fatal(err)
}
```

これにより、巨大なデータであっても入力データとパース済みのstructの両方にメモリが確保されることがありません。json.Decoderはストリームを扱うことができるため、たとえばNDJSON(Newline Delimited JSON)をネットワークで受信するときに便利です。

```
var data Data
dec := json.NewDecoder(f)
scanner := bufio.NewScanner(conn)
for scanner.Scan() {
    line := scanner.Text()
    // 行ごとにJSONをデコード
    err := dec.Decode(&data)
    if err != nil {
        break
    }
    doSomething(&data)
}
```

netパッケージ

Goはネットワークを扱いやすいプログラミング言語と言われています。それは、一般的にネットワーク通信はストリームを扱うことが多く、またすべての個別のエラーに対して個々の異なる対処を求められることが多いからです。たとえば、接続エラーに対してはリトライ、送受信は再接続、など要件が異なってきます。たとえばこれらが例外を送出する場合、個々にtry/catchといった例外をハンドルするコードが必要になりますが、Goのように愚直にエラーを都度処理する文法は、そういったネットワークの処理を書くのに向いていると言って良いでしょう。

またサーバアプリケーションの場合、Accept後には個々のクライアントと個別に通信することになります。そういった場合にはGoのgoroutineがとても役立ちます（**リスト4.8**）。

リスト4.8　netパッケージの使用例

```
package main

import (
    "fmt"
    "log"
    "net"
)

func handleData(conn net.Conn) {
    defer conn.Close()

    var b [512]byte
    for {
        n, err := conn.Read(b[:])
        if err != nil {
            break
        }
        fmt.Print(string(b[:n]))
    }
}

func main() {
    lis, err := net.Listen("tcp", ":8888")
    if err != nil {
        log.Fatal(err)
    }
    defer lis.Close()

    for {
        conn, err := lis.Accept()
        if err != nil {
            log.Fatal(err)
        }
        go handleData(conn)
    }
}
```

このサーバアプリケーションでは接続数が制限されていませんが、第3章で述べたとおりgoroutineは軽量スレッドとして動作するため、接続数が多くなってもスレッドによる実装ほどパフォーマンスが劣化しません。

これはサーバアプリケーションに限る話ではありませんが、通信を行うアプリケーションでは多くのケースで想定外のエラーが発生し得ます。

- 受信ポートが開けない
- 相手のクライアントが接続を切った
- 受信中にエラーが発生した

サーバアプリケーションが強制終了してしまわないようにするには、あらゆる対応をする必要があります。GoではEINTRによる中断の対処やEAGAINによる再試行は標準ライブラリの中で行われるため、リソースの解放が必須であるケースを除いては、Acceptが失敗した際にはlog.Fatalで強制終了してもかまいません。

timeパッケージ

timeパッケージには時刻や経過時間を扱うのに便利な関数が含まれています。

time.Format/time.Parse

timeパッケージはGoの数ある一風変わった仕様の中でも、特徴的なものとなっています。他のプログラミング言語では日付時刻の書式にyyyy/MM/dd HH:mm:ssを使うことが多いと思います。Goではあえてこの書式を使わず、見た目から書式を推測できる仕様になっています。たとえば、現在の日付時刻を表示するプログラムは以下になります。

```
now := time.Now()
fmt.Println(now.Format("2006/01/02 15:04:05"))
```

初めて見た方はビックリすると思います。これは英語圏の人たちが、月／日／年という順で日付を表記するところから決められていますが、数字それぞれには意味がなく、「1月2日3時4分5秒2006年（3時は「15時」表記）」と連番になっており、おおよそ**表4.1**のように理解すると覚えやすくなっています。

取り扱いづらそうに見えますが、多くの場合はtimeパッケージに標準で用意されている固定の書式名を使うことができます（**表4.2**）。

表4.1　Goにおける日付時刻の書式

書式	連番	意味
1	1	月
01	1	月のゼロ埋め
2	2	日
02	2	日のゼロ埋め
3	3	時
03	3	時
15	3	時のゼロ埋め
4	4	分
04	4	分のゼロ埋め
5	5	秒
05	5	秒のゼロ埋め
2006	6	年
+007	7	タイムゾーン
JST	-	タイムゾーン

表4.2　timeパッケージに標準で用意されている書式

書式名	フォーマット
Layout	01/02 03:04:05PM '06 -0700
ANSIC	Mon Jan _2 15:04:05 2006
UnixDate	Mon Jan _2 15:04:05 MST 2006
RubyDate	Mon Jan 02 15:04:05 -0700 2006
RFC822	02 Jan 06 15:04 MST
RFC822Z	02 Jan 06 15:04 -0700
RFC850	Monday, 02-Jan-06 15:04:05 MST
RFC1123	Mon, 02 Jan 2006 15:04:05 MST
RFC1123Z	Mon, 02 Jan 2006 15:04:05 -0700
RFC3339	2006-01-02T15:04:05Z07:00
RFC3339Nano	2006-01-02T15:04:05.999999999Z07:00
Kitchen	3:04PM
Stamp	Jan _2 15:04:05
StampMilli	Jan _2 15:04:05.000
StampMicro	Jan _2 15:04:05.000000
StampNano	Jan _2 15:04:05.000000000
DateTime	2006-01-02 15:04:05
DateOnly	2006-01-02
TimeOnly	15:04:05

ParseやFormatのフォーマット書式として以下のように使用します。

```
package main

import (
    "fmt"
    "time"
)

func main() {
    now := time.Now()
    fmt.Println(now.Format(time.RFC3339))
}
```

Formatと同様に、日付や時刻の文字列をパースする際にもこの書式を使います。

```
var s = "2022/12/25 07:42:38"
d, err := time.Parse("2006/01/02 15:04:05", s)
```

`yyyy/MM/dd HH:mm:ss`であっても実際は「あれ、月が大文字だっけ、時刻が大文字だっけ？」や「hhは小文字だっけ、大文字だっけ？」といったように、実は覚えられていないことの方が多いのです。その点、Goのこの独特な書式は2006と01を覚えておけば、あとは連番になっているという記憶だけで書式を思い出せます。

Goのtimeパッケージのこの独特なフォーマットは、他のプログラミング言語が使用する`yyyy/MM/dd hh:mm:ss`や`%Y/%m/%d`と大きく異なるため、議論されることがあります。これは筆者の考えですが、MMとmmのどちらが月でどちらが分なのか、12時間記法はどうだったか、タイムゾーンはどうやって記述するかといった覚えることの量は、Goの書式と比べてもそれほど変わらない、もしくはGoのほうが少ないと感じています。また、見た目がそのままレイアウトになっているので、表示がイメージしやすい、画面に表示される際の幅が考慮しやすいといったメリットもあると思っています。

○ time.Duration

timeパッケージにはDurationという型が用意されています。時刻ではなく経過時間を保持できる型です。3sは3秒間、4mは4分間、5hは5時間、といった感じに扱うことができます。time.ParseDurationでパースすることもできます。

```
d, err := time.ParseDuration("3s")
if err != nil {
    log.Fatal(err)
```

```
}
fmt.Println(d) // 3s

d, err = time.ParseDuration("4m")
if err != nil {
    log.Fatal(err) // 4m0s
}
fmt.Println(d)

d, err = time.ParseDuration("5h")
if err != nil {
    log.Fatal(err)
}
fmt.Println(d) // 5h0m0s
```


time.Durationは四則演算も可能です。

```
d, err := time.ParseDuration("3s")
if err != nil {
    log.Fatal(err)
}
fmt.Println(d * 3) // 9s
```

Duration型の定数はtime.Nanosecondを「1」として、以下のように定義されています。

```
const (
    Nanosecond  Duration = 1
    Microsecond          = 1000 * Nanosecond
    Millisecond          = 1000 * Microsecond
    Second               = 1000 * Millisecond
    Minute               = 60 * Second
    Hour                 = 60 * Minute
)
```

3秒であれば`time.Second * 3`と書くことができます。この3sや4mといった記法は、ユーザーから経過時間を指定してもらう際にとても便利で、たとえばUNIXのsleepコマンドにも採用されています。

```
$ sleep 3s
```

pathパッケージとpath/filepathパッケージ

Goを扱ううえで、筆者がとても重要視しているパッケージです。pathパッケージはURLなど仮想的なパスを扱う場合に使います。一方path/filepathは物理的なパスを扱う場合に使います。

物理的なパスの操作にpathパッケージを使ってはいけません。逆に仮想的なパスの操作にpath/filepathパッケージを使ってはいけません。

pathパッケージには**表4.3**の関数が用意されています。

表4.3 pathパッケージの関数

関数	説明
`func Base(path string) string`	パスからファイル名部分を取り出す
`func Clean(path string) string`	/./や/../といったパスを解決する
`func Dir(path string) string`	パスからディレクトリ部分を取り出す
`func Ext(path string) string`	パスから拡張子部分を取り出す
`func IsAbs(path string) bool`	絶対パスかどうかを返す
`func Join(elem ...string) string`	パスを結合する
`func Match(pattern, name string) (matched bool, err error)`	パスがパターンにマッチするかを返す
`func Split(path string) (dir, file string)`	パスをディレクトリとファイルに分割する

いずれも、実際に物理的なファイルが存在しなくても処理が可能な関数です。一方path/filepathパッケージはこれらに加え、物理パスの操作に必要な**表4.4**の関数が用意されています。

表4.4 path/filepathパッケージの関数

関数	説明
`func Abs(path string) (string, error)`	相対パスを絶対パスに変える
`func EvalSymlinks(path string) (string, error)`	シンボリックリンクを評価する
`func FromSlash(path string) string`	パス内の/区切りをOSパスセパレータ区切りに置換する
`func Glob(pattern string) (matches []string, err error)`	パターンにマッチするファイル一覧を得る
`func Rel(basepath, targpath string) (string, error)`	絶対パスを相対パスに変える
`func SplitList(path string) []string`	パスリスト（例：PATH環境変数）を分割する
`func ToSlash(path string) string`	パス内のOSパスセパレータ区切りを/区切りに置換する
`func VolumeName(path string) string`	パスのボリュームネームを返す
`func WalkDir(root string, fn fs.WalkDirFunc) error`	ファイルを再帰的に探索する

pathパッケージのパス区切りは常に/です。一方path/filepathパッケージのパス区切りはOSにより異なります。Windowsであればバックスラッシュです。filepath.Cleanを呼び出すと、パスの中に含まれる/はOSパスセパレータで置換されます。

```
println(filepath.Base(`C:/path/to/file.txt`)) // file.txt

println(filepath.Dir(`C:/path/to/file.txt`)) // C:\path\to

println(filepath.Clean(`C:/path/to/..\file.txt`)) // C:\path\file.txt

println(filepath.Ext(`C:/path/to/file.txt`)) // .txt

println(filepath.IsAbs(`C:\path\to\file.txt`)) // true
println(filepath.IsAbs(`.\file.txt`)) // false

println(filepath.Join(`C:/path`, `to/file.txt`)) // C:\path\to\file.txt

absolute, err := filepath.Abs(`../file.txt`)
if err == nil {
    println(absolute) // カレントディレクトリがC:\path\toであればC:\path\file.txt
}

absolute, err := filepath.Rel(`C:\path`, `C:\path\to\file.txt`)
if err == nil {
    println(absolute) // to\file.txt
}

println(filepath.VolumeName(`C:\path\to\file.txt`)) // C:
println(filepath.VolumeName(`\\server\share\file.txt`)) // \\server\share
// UNIXでは空文字列が返ります
```

このように、filepathパッケージの変換関数は、自動でOSパスセパレータにより整形された値を返します。filepath.ToSlashとfilepath.FromSlashを使うと、OSパスセパレータと/セパレータを変換することができます。UNIXでは何も起きません。

```
s := `C:\path\to\file.txt`
s = filepath.ToSlash(s)
println(s) // C:/path/to/file.txt
s = filepath.FromSlash(s)
println(s) // C:\path\to\file.txt
```

指定ディレクトリ配下のファイルを再帰的に探索する場合はWalkDirを使います（**リスト4.9**）。

リスト4.9　path/filepathパッケージの使用例（WalkDirを利用）

```
package main

import (
    "fmt"
    "io/fs"
    "log"
```

```
    "os"
    "path/filepath"
)

func main() {
    files := []string{}

    cwd, err := os.Getwd()
    if err != nil {
        log.Fatal(err)
    }
    err = filepath.WalkDir(cwd, func(path string, info fs.DirEntry, err error) error {
        if err != nil {
            return err
        }

        if info.IsDir() {
            return nil
        }

        files = append(files, path)
        return nil
    })
    if err != nil {
        log.Fatal(err)
    }

    fmt.Println(files)
}
```

このソースコードはカレントディレクトリ配下のファイル一覧を返します。

ディレクトリ配下の探索をスキップしたい場合はエラーとしてfs.SkipDirを返します。以下の例は、ディレクトリが.で始まる隠しディレクトリの場合は探索を行わないようにするコードです。

```
if info.IsDir() {
    if info.Name()[0] == '.' {
        return fs.SkipDir
    }
    return nil
}
```

filepath.WalkDirと似た動作をするfilepath.Walkがあります。こちらはfilepath.WalkDirが実装される前に存在していた関数です。filepath.Walkは検索した各エントリに対してos.Lstatを呼び出す実装になっているため、filepath.WalkDirを使ったほうがパフォーマンスが良くなります。

Windowsではドライブレターや UNCパスのホスト名、シェア名がパスの一部に含まれます。

pathパッケージはそれらを知りませんし、パスセパレータは/のみ扱います。path.Baseやpath.Dir、path.Joinは/を判定していますし、path.Cleanも/だけを考慮します。パスセパレータとして/と\の両方を扱えるWindowsのパスをpathパッケージで扱ってしまうと不正なパスが生成されてしまいます。

Windowsでも Linuxでも macOSでもおおよそ動作するプログラムを作りたいのであれば、正しくpath/filepathパッケージを使うよう心掛けてください。

osパッケージ

osパッケージはOSに対する命令を扱うパッケージです。このパッケージはOSの動作に依存する度合がとくに強く、一部の関数は特定のOSでしか提供されない、または提供されていても動作しないものもあります。os.Createやos.Open、os.Remove/os.RemoveAllといったファイル操作やディレクトリ操作の関数が用意されています。

ファイルやディレクトリを作成し、何かの操作を行ったあとに削除するといった一連の流れでよく使われます。

```
f, err := os.Open("file.txt")
if err != nil {
    return fmt.Errorf("cannot open file: %v", err)
}
defer f.Close()

// 処理
```

```
err := os.Mkdir(dirname, 0755)
if err != nil {
    return fmt.Errorf("cannot create directory: %v", err)
}
defer os.RemoveAll(dirname)

// 処理
```

ioパッケージ

ioパッケージはその名のとおりI/Oを担当するパッケージです。Goがストリーム処理をする場合、それらはほぼすべてio.Readerまたはio.Writerを実装しています。io.Reader/io.Writerの定義は以下のとおりです。

```
type Reader interface {
    Read(p []byte) (n int, err error)
}

type Writer interface {
    Write(p []byte) (n int, err error)
}
```

たとえば、io.Readerかつio.Writerは、io.ReadWriterとして定義されています。

```
type ReadWriter interface {
    Reader
    Writer
}
```

その他、合成して定義されたインターフェースがたくさん用意されています。fmt.Fprintの第1引数はio.Writerを取ります。またio.Copyの第1引数はio.Writerを、第2引数はio.Readerを取ります。ですので、以下のように自分で作成したstructなどにWriteメソッドを実装すると、fmt.Fprintやio.Copyの引数として渡すことができます。

```
type Foo struct {
    (..略..)
}

func (f *Foo) Write(p []byte) (n int, err error) {
    (..略..)
}

func main() {
    var foo Foo

    io.Copy(&foo, os.Stdin)
}
```

contextパッケージ

contextパッケージはGoの非同期アプリケーションを開発するうえで重要なパッケージです。

これまで解説してきたgoroutineの使い方は、goroutine側が主導権を持ち、自ら終了するものでした。しかし、たとえばgoroutineを起動した側がgoroutineを中断したい場合もあります。とくに一定の条件でgoroutine処理をキャンセルしたい場合や、タイムアウトでgoroutineをキャンセルしたい場合などです。goroutine側で自ら経過時間を判定することもできますが、本来はgoroutineを起動した側が制御すべきです。

この機能を提供するのがcontextパッケージです（**リスト4.10**）。

リスト4.10　contextパッケージの使用例

```
package main

import (
    "context"
    "fmt"
    "sync"
    "time"
)

func f(ctx context.Context, wg *sync.WaitGroup) {
    defer wg.Done()
    for {
        select {
        case <-ctx.Done():
            // 中断
            return
        default:
        }
        fmt.Println("goroutine: 処理")
        time.Sleep(1 * time.Second)
    }
}

func main() {
    var wg sync.WaitGroup
    wg.Add(1)
    ctx, cancel := context.WithCancel(context.Background())
    go f(ctx, &wg)

    time.Sleep(10 * time.Second)
    cancel()
    wg.Wait()
}
```

context.Contextは習慣的に関数の第1引数として渡され、下層の関数に引き渡されます。タイムアウトの場合は**リスト4.11**になります。

リスト4.11　contextパッケージの使用例（タイムアウト処理）

```
package main

import (
    "context"
    "fmt"
    "sync"
```

```
    "time"
)

func f(ctx context.Context, wg *sync.WaitGroup) {
    defer wg.Done()
    for {
        select {
        case <-ctx.Done():
            // 中断
            return
        default:
        }
        fmt.Println("goroutine: 処理")
        time.Sleep(1 * time.Second)
    }
}

func main() {
    var wg sync.WaitGroup
    wg.Add(1)
    ctx, cancel := context.WithTimeout(context.Background(), time.Duration(5*time.Second))
    defer cancel()
    go f(ctx, &wg)

    wg.Wait()
}
```

context.Contextを作成する方法としては2つあります。

- `context.Background()`
- `context.TODO()`

既存の処理をcontext.Contextを使った実装に置き換えていくのは少し大変です。呼び出し元の関数から渡されたctxをそのまま渡して良いのか、それとも新しい`context.Background()`を渡して良いのか、しばらく検討する必要があるでしょう。「context.Contextを引数に足したけれど、まだ`Done()`を確認するような処理は実装していない」といった場合は、`context.TODO()`を渡しておき、少しずつ`context.Background()`に置き換えていくと良いでしょう。

4.3 build constraints

Goにはマルチプラットフォーム向けのアプリケーション開発が楽になるようなしくみがあります。その1つがbuild constraintsです。C言語のように#ifdefや#endifでプラットフォームの各実装を分けて書けるのは、確かに小さい範囲であればソースコードの見通しは良いのですが、大きくなると可読性も悪く、バグも発生しやすくなります。

build constraintsはGoのソースコードをビルドする際に、対象のソースコードを含めるかどうかを決める「条件」を指定できます。Goでは次の2つの規則に基づいてビルドに含むソースコードを判別しています。

- ファイル名による指定
- +build（またはgo:build）コメントによる指定

ファイル名による指定

次のファイルが置かれているディレクトリで`go build`を実行すると、Windowsではcommand.goとcommand_windows.goがビルドに含まれます。またLinuxではcommand.goとcommand_linux.goがコンパイルされます。

- command.go
- command_windows.go
- command_linux.go

実際には次のルールにマッチしたファイルがコンパイル対象となります。

```
file_${GOOS}.go
file_${GOARCH}.go
file_${GOOS}_${GOARCH}.go
```

GOOS、GOARCHはGoが認識する環境変数です。通常は未指定ですが、指定することでそのOSやアーキテクチャ向けの実行ファイルを生成することができます。GOOSおよびGOARCHには

表4.5の値が設定可能です。

表4.5 GOOS/GOARCHに設定できる値

GOOS	GOARCH
darwin	amd64、arm64
linux	386、amd64、arm、arm64、loong64、mips、mips64、mips64le、mipsle、ppc64、ppc64le、riscv64、s390x
windows	386、amd64、arm、arm64
freebsd	386、amd64、arm、arm64、riscv64
netbsd	386、amd64、arm、arm64
openbsd	386、amd64、arm、arm64、mips64
android	386、amd64、arm、arm64
ios	arm64
aix	ppc64
dragonfly	amd64
illumos	amd64
js	wasm
plan9	386、amd64、arm
solaris	amd64

※執筆時点のGoの開発バージョンにおいて

現在Goが認識しているGOOSやGOARCHを知りたい場合には`go env`を実行すると確認できます。

前述のとおり、特定のOSやCPUアーキテクチャの場合のみビルドにソースコードを含めたいといった場合に、このファイル名による指定が使用できます。それぞれのOS向けのソースファイル(command_windows.goとcommand_linux.goなど)を準備すれば良いことになり、存在しないGOOSはビルドされない、つまりビルドエラーが発生するということになります。

+build(またはgo:build)コメントによる指定

もう1つはコメントによる指定です。ファイルの先頭にコメントとして+build(またはgo:build)を書いておくことで、ソースコードがビルドに含まれるかどうかを条件で指定できます。ファイル名による指定では「含まれる」条件しか指定できませんが、このコメントによる指定では「含まれない条件」も指定することができます。形式は以下のとおりです。

```
//go:build タグ
// +build タグ
```

```
package main
```

注意しなければならないのは、このコメントとpackageの間には必ず1行、空行を入れなければならないことです。以前までは+buildだけ記述すれば良かったのですが、Go 1.16からgo:buildが推奨となりました。本書では古い記述方法は解説しません。古いGoのバージョンをサポートする予定がないのであれば、go:buildだけ指定しても良いでしょう。タグとその例の代表的なものを**表4.6**にいくつか紹介します。

表4.6　+build、go:buildで使用するタグ

タグ	例
OS名	windows、linux、darwin、plan9
アーキテクチャ名	386、amd64、arm
cgo	cgo、!cgo
コンパイラ名	go、gccgo、!gccgo
リリースタグ	go1.18、go1.19、go1.20
ビルドタグ	devel（任意）

複数のタグをAND条件で指定したい場合には&&を、OR条件を指定したい場合は||を、NOTを指定したい場合は!を使用します。()を使って複数の条件式を書くことができます。たとえばwindowsかつ386の場合は以下になります。

```
//go:build windows || 386
```

linux以外、かつ386もしくはarmの場合は以下になります。

```
//go:build !linux && (386 || arm)
```

なお、linuxを指定した場合はandroidも対象に含まれます。androidを含まないlinuxを指定する場合には以下を記述してください。

```
//go:build linux && !android
```

これらの値は、Goコンパイラが判別するプリセットです。上記のビルドタグはユーザーが定義することもできます。たとえば`go:build cat`と書かれたcat.goと`go:build dog`と書かれたdog.goがあり、以下のようになっていたとします。

- cat.go

```
//go:build cat

package animal

func Name() string {
    return "Cat"
}
```

- dog.go

```
//go:build !cat

package animal

func Name() string {
    return "Dog"
}
```

これらのソースコードは`-tags cat`フラグを付けてビルドするとcat.goが有効になり、dog.goは無効になります。

```
$ go build -tags cat
```

逆に`-tags cat`を付けずにビルドするとdog.goが有効になり、cat.goは無効になります。

特別な値を持つタグとしてはignoreがあります。ignoreを指定すると`go build`コマンドの対象から外されます。

```
//go:build ignore
```

このタグが付けられたファイルをビルドするには、ファイルを直接指定して`go build file.go`を実行するか、`go run file.go`で実行することになります。

このタグを付けたファイルは、タグを付けられていないファイルと干渉しないため、プロジェクトのサンプルコードとして同じディレクトリ内に、複数個のmain関数を持ったソースコードを置いておくのに使われます。

COLUMN

マルチプラットフォーム向けアプリケーションの開発テクニック

Goはマルチプラットフォーム向けに優れたパッケージ構成になっていますが、すべてがそうとは限りません。LinuxやWindows、macOS向けの特別な処理も当然ながら必要になります。このような場合に、各OS名で分割したファイル名を使用します。

パッケージ本体には、各OSでの実装を呼び出す共通のコードを書きます。

```
package foo

func DoSomething() {
    doSomething()
}
```

そして_windows.goや_linux.goで各OS専用のコードを実装します。

- foo_windows.go

```
package foo

func doSomething() {
    // Windows専用のコード
}
```

- foo_linux.go

```
package foo

func doSomething() {
    // Linux専用のコード
}
```

- foo_darwin.go

```
package foo

func doSomething() {
    // macOS専用のコード
}
```

こうすることで、_linux.goではLinuxだけに存在する関数を呼び出したり、_windows.goではWindows APIを呼び出したり、macOSではObjective-Cの実装を個別に書いたりすることができます。また、#ifdefで起きがちなコンパイルエラーも起きにくいというメリットがあります。

ここで勘の良い方は気づいたかもしれませんが、GoにはMakefileのようなものがありません。`go build`はディレクトリ直下のファイルがビルドされ、`go build ./...`は指定したディレクトリ直下のファイルがビルドされます。どのファイルがビルドされ、またどのファイルがビルドされないかは、ファイル名やbuild tagによって決まります。

4.4 cgo

cgoはGoからC言語を扱うためのしくみです。Goの標準ライブラリは機能が豊富で、OpenSSL相当の暗号ライブラリまで同梱されていますが、C言語で実装された既存の資産はたくさんあります。これらをGoから呼び出せるようにしたものがcgoです。

リスト4.12のソースコードは、mylib.hで宣言されたmylib_update_dataという関数をGoから呼び出すものです。`go build`を実行するとlibmylib.aがリンクされます。

リスト4.12　cgoの使用例

```
package main

/*
#include <stdlib.h>
#include <mylib.h>

// cgo: LDFLAGS -lmylib
// cgo: CFLAGS -I/usr/local/include
*/
import "C"
import "unsafe"

func main() {
    s := "index.dat"

    ptr := C.CString(s)
    defer C.free(unsafe.Pointer(ptr))
    C.mylib_update_data(ptr)
}
```

`//`で始まる部分に書かれているのはcgoに与える環境変数で、CFLAGS (C++はCXXFLAGS)でヘッダファイルの検索パスを、LDFLAGSなどでリンカへのフラグを渡すことができます。

pkg-configを使って複雑なコンパイルオプションに対処

Windows、Linux、macOSそれぞれでビルドできるようにするためには、OSにより異なるコンパイルオプションを扱わなければなりません。たとえばあるC言語のライブラリをリンクしたい場合、ライブラリ自身だけでなく、そのライブラリが必要としている別のライブラリもリンクしなければなりません。Windowsであれば、ライブラリがuser32.dllに依存する場合は-luser32を指定する必要がありますし、Linuxでリアルタイム拡張ライブラリをリンクする際には-lrtを指定しなければなりません。

cgoでは次のように各環境により異なるCFLAGSやLIBSを個別にソースコード上に記述できます。

```
package mylib

// #cgo CFLAGS: -DPNG_DEBUG=1
// #cgo amd64 386 CFLAGS: -DX86=1
// #cgo LDFLAGS: -lpng
// #include <png.h>
import "C"
```


WindowsとLinuxでライブラリのファイル名が異なる場合には対応できますが、ライブラリがバージョンによって異なるライブラリファイル名を提供しているといったような複雑な構成の場合（たとえば古いバージョンでは-lxxxだけ、新しいバージョンでは-lxxx、-lyyyなど）には対応できなくなります。

そこで、cgoではpkg-configを扱えるようになっています。ライブラリとして配布されるオープンソースプロジェクトでは拡張子に.pcを持つファイルが同梱されていることがあります。ライブラリをインストールするとpkg-configコマンドを使用し、そのライブラリを含めたコンパイルやリンクに必要なオプションを知ることができます。次のコマンドのように実行すると、コンパイルオプションを取得できます。

```
$ pkg-config --cflags png # コンパイルオプション
$ pkg-config --libs png   # リンクオプション
```

pkg-configが必要なビルドオプションを教えてくれるので、Goの開発上ではOSの違いによるコンパイルオプションなどを気にする必要がありません。以下のように記述することでpkg-configを使うことができます。

```
package mylib

// #cgo pkg-config: png
// #include <png.h>
import "C"
```

ソースコードにライブラリが格納されているディレクトリや、OSにより異なるコンパイルオプションを指定しなくても良くなるので、ソースコードをきれいに保つことができます。

4.5 go:embed

プログラムを開発していると、実行ファイルを配布すると同時に、動作に必要なその他のファイルも同梱しなければならないことがあります。多くの場合はtarやZIPなどを使って配布しますが、それでも展開したあとの扱いは楽ではありません。とくにファイルが複数個ある場合には面倒になります。

Goではgo:embedというマジックコメントを使うことで、実行ファイルに他のファイルを埋め込むことができるようになっています。

これまでもstatikやgo-assets、packr、go.riceというツールを使うことで、任意のファイルをバイナリ表現されたGoのソースコードとして取り込み、一緒にビルドすることでファイルの同梱が実現できていましたが、Go 1.16からはそういった外部のツールを使う必要がなくなりました。

リスト4.13のプログラムはWebサーバを起動します。ブラウザからhttp://localhost:8989/にアクセスすると画像が表示されるプログラムです。

リスト4.13　go:embedの使用例

```
package main

import (
    _ "embed"
    "net/http"

    "github.com/labstack/echo/v4"
)

//go:embed static/logo.png
var contents []byte

func main() {
    e := echo.New()
    e.GET("/", func(c echo.Context) error {
        return c.Blob(http.StatusOK, "image/png", contents)
    })
    e.Logger.Fatal(e.Start(":8989"))
}
```

変数contentsは宣言しているだけで何も代入していませんが、コメントに書かれているgo:embedのパスがコンパイル時に読み取られ、プログラム実行時にバイト列として格納されます。

先ほど列挙したこれまでのツールを使う場合、static/logo.pngを更新するたびにコマンドを実行してソースコードを更新する必要がありましたが、go:embedでは必要ありません。ファイルが見つからなかった場合はコンパイルエラーになります。注意するのはembedパッケージをブランクimportするという点だけです。

扱えるのはバイト列だけではありません。文字列も扱えます(**リスト4.14**)。

リスト4.14 go:embedで文字列を扱う

```
package main

import (
	_ "embed"
	"fmt"
)

//go:embed message.txt
var message string

func main() {
	fmt.Println(message)
}
```

さらにはディレクトリも扱えます(**リスト4.15**)。

リスト4.15 go:embedでディレクトリを扱う

```
package main

import (
	"embed"
	"io"
	"log"
	"os"
	"path"
)

//go:embed static
var local embed.FS

func main() {
	fis, err := local.ReadDir("static")
	if err != nil {
		log.Fatal(err)
	}
	for _, fi := range fis {
		in, err := local.Open(path.Join("static", fi.Name()))
		if err != nil {
```

```
            log.Fatal(err)
        }
        out, err := os.Create("embed-" + path.Base(fi.Name()))
        if err != nil {
            log.Fatal(err)
        }
        io.Copy(out, in)
        out.Close()
        in.Close()
        log.Println("exported", "embed-"+path.Base(fi.Name()))
    }
}
```

このプログラムを実行すると、ビルド時にstaticというディレクトリ内に置かれたファイル（例：logo.png）が、実行時にembed-logo.pngとして生成されます。embed.FS型で提供されるファイルシステムは仮想的なパスを扱うため、前述のとおりpath/filepathパッケージではなくpathパッケージで扱う必要があります。

埋め込んだファイルシステムをWebサーバから配信することもできます。http.FSを使うことでembed.FSファイルシステムをhttp.FileServer経由でサーブすることができます（**リスト4.16**）。

リスト4.16　go:embedでファイルシステムを扱う

```
package main

import (
    "embed"
    "net/http"

    "github.com/labstack/echo/v4"
)

//go:embed static
var local embed.FS

func main() {
    e := echo.New()
    e.GET("/", echo.WrapHandler(http.FileServer(http.FS(local))))
    e.Logger.Fatal(e.Start(":8989"))
}
```

このソースをビルドすると、シングルバイナリでありながら、コンテンツをサーブできるWebサーバができあがります。できあがった実行ファイルを実際に動作させるサーバに1つだけ配置すればデプロイが完了します。

4.6 Functional Options Pattern

Goには関数のデフォルト引数がありません。これはGoらしい割り切りで、関数の引数とは多くのケースでは固定値ではないという点、かつ関数の引数がデフォルト値を持つということはその値がいつ計算されるべきかユーザーに明示されなければならないという点から、コードを理解するのを難しくするという理由で意図的に採用されていません。

Goにも可変個引数はあります。

```
func doSomething(args ...string) {
    for _, arg := range args {
        fmt.Println(arg)
    }
}

func main() {
    doSomething("Hello", "World!", "Golang")
}
```

しかし、型が固定になってしまいます。もちろん`interface{}`（any）を使って型の異なる可変個引数を表現することもできますが、関数が扱える型をコンパイル時に固定することができません。そこで使うのがFunctional Options Patternです。Functional Options Patternを使うことで、開発者はその関数の利用者に対して、開発者が限定した型のみを可変個で渡せる関数を提供できます。

たとえば**リスト4.17**の関数を用意します。

リスト4.17　ホスト名とポート番号を受け取り、Server structを返す

```
package server

type Server struct {
    host string
    port int
}

func New(host string, port int) *Server {
    return &Server{
        host: host,
        port: port,
    }
```

```
}

func (s *Server) Start() error {
    // do something
    return nil
}
```

この関数はホスト名とポート番号を受け取り、Server structを返します。Server structはStartメソッドを提供し、何かしらの処理を開始できます。利用者側はおおよそ**リスト4.18**のように実装するでしょう。

リスト4.18 リスト4.17を使う実装

```
package main

import (
    "log"

    "github.com/mattn/awesome-server/server"
)

func main() {
    svr := server.New("localhost", 8888)
    if err := svr.Start(); err != nil {
        log.Fatal(err)
    }
}
```

ここで、たとえばこのsvrに対して以下の機能を足したいとします。

- 接続タイムアウト
- ロガー

Server structに公開フィールドとしてTimeoutやLoggerを足したり、SetTimeoutやSetLoggerメソッドを追加したりすることはできます。しかし、利用者にタイムアウト値やロガーを任意のタイミングで変更させたくはありません。できればNewで指定した初期値から変更させないように制限したいですね。

ここで利用するのがFunctional Options Patternです。まず**リスト4.17**のServer structを以下のように変更します。

```
package server

import (
    "log"
    "time"
)

type Server struct {
    host    string
    port    int
    timeout time.Duration
    logger  *log.Logger
}
```

次に、timeoutを受け取り、設定・更新する関数をクロージャとして返すWithTimeoutを実装します。


```
func WithTimeout(timeout time.Duration) func(*Server) {
    return func(s *Server) {
        s.timeout = timeout
    }
}
```

loggerも同様です。

```
func WithLogger(logger *log.Logger) func(*Server) {
    return func(s *Server) {
        s.logger = logger
    }
}
```

そしてfunc(*Server)に別名を付けます。

```
type Option func(*Server)
```

あとは、このOptionをNewの引数で可変個に受け取れるようにします。

```
func New(host string, port int, options ...Option) *Server {
    svr := &Server{
        host: host,
        port: port,
    }
    for _, opt := range options {
        opt(svr)
    }
    return svr
}
```

全体ではリスト4.19のようになります。

リスト4.19　リスト4.17をFunctional Options Patternに則って変更

```
package server

import (
    "log"
    "time"
)

type Server struct {
    host    string
    port    int
    timeout time.Duration
    logger  *log.Logger
}

type Option func(*Server)

func WithTimeout(timeout time.Duration) func(*Server) {
    return func(s *Server) {
        s.timeout = timeout
    }
}

func WithLogger(logger *log.Logger) func(*Server) {
    return func(s *Server) {
        s.logger = logger
    }
}

func New(host string, port int, options ...Option) *Server {
    svr := &Server{
        host: host,
        port: port,
    }
    for _, opt := range options {
        opt(svr)
    }
    return svr
}

func (s *Server) Start() error {
    if s.logger != nil {
        s.logger.Println("server started")
    }
    // do something
    return nil
}
```

呼び出し側は**リスト4.20**のように実装することができます。

リスト4.20　リスト4.19を使う実装

```
package main

import (
	"log"
	"os"
	"time"

	"github.com/mattn/awesome-server/server"
)

func main() {
	f, err := os.Create("server.log")
	if err != nil {
		log.Fatal(err)
	}
	defer f.Close()

	logger := log.New(f, "", log.LstdFlags)
	svr := server.New("localhost", 8888,
		server.WithTimeout(time.Minute),
		server.WithLogger(logger),
	)
	if err := svr.Start(); err != nil {
		log.Fatal(err)
	}
}
```

タイムアウト値やロガーがオプションとして渡せるようになりました。この他にも必要なオプションを増やしたい場合には、以下の手順でオプションを増やすことができます。

- Server structにフィールドを追加
- WithXXXを実装

4.7 Builder Pattern

Functional Options Patternと対比される実装パターンです。Builder Patternはメソッドチェーンを用いることでBuildメソッドに与える初期値を決定する方法です。

リスト4.21　リスト4.17をBuilder Patternに則って変更

```
package server

import (
    "log"
    "time"
)

type Server struct {
    param serverParam
}

type serverParam struct {
    host    string
    port    int
    timeout time.Duration
    logger  *log.Logger
}

func NewBuilder(host string, port int) *serverParam {
    return &serverParam{host: host, port: port}
}

func (sb *serverParam) Timeout(timeout time.Duration) *serverParam {
    sb.timeout = timeout
    return sb
}

func (sb *serverParam) Logger(logger *log.Logger) *serverParam {
    sb.logger = logger
    return sb
}

func (sb *serverParam) Build() *Server {
    svr := &Server{
        param: *sb,
    }
    return svr
```

```
}

func (s *Server) Start() error {
    if s.param.logger != nil {
        s.param.logger.Println("server started")
    }
    // do something
    return nil
}
```

実行方法は以下のとおりです。

リスト4.22　リスト4.21を使う実装

```
package main

import (
    "log"
    "os"
    "time"

    "github.com/mattn/awesome-server/server"
)

func main() {
    f, err := os.Create("server.log")
    if err != nil {
        log.Fatal(err)
    }
    defer f.Close()

    logger := log.New(f, "", log.LstdFlags)
    svr := server.NewBuilder("localhost", 8888).
        Timeout(time.Minute).
        Logger(logger).
        Build()
    if err := svr.Start(); err != nil {
        log.Fatal(err)
    }
}
```

Functional Options Patternの場合はNew関数に与えるパラメータとしてWithXXXを用意する方法を取りましたが、Builder Patternでは生成したBuilder (serverParam) に対してメソッドによりパラメータを付与し、Buildメソッドにて実際のServerインスタンスを作成します。どちらも似た機能を提供しますが、Builder Patternは途中の設定を他の機能に委ねることができます。

```
builder := server.NewBuilder("localhost", 8888)
configureServer(builder)
svr := builder.Build()
```

メソッドチェーンはGoではあまり使われないため、ユーザーによって好みが分かれることがあります。どちらの方法も、あとからオプションを追加したいケースでは有効です。ただ、どちらも若干、実装量が増えてしまいがちです。Functional Options Patternを簡略化する形で以下のように書かれることもあります。

```
svr := server.New(host, port, server.Config {
    Timeout: time.Minute,
    Logger: nil,
})
```

4.8 internalパッケージ

Goでパッケージ外に変数や関数を公開するには、シンボル名の先頭を大文字にする必要があります。公開か非公開かが一目瞭然でとてもシンプルなルールですが、問題が起きてしまうことがあります。

たとえばライブラリを開発中に、内部処理のためにパッケージを分けしたとします。ライブラリの利用者は、ソースコードに含まれている便利な関数をライブラリの機能の一部だと思って使ってしまうことがあります。しかし、開発者はそれが使われていることなど知らずにインターフェースを変更することもあります。こういったことが起きないように、Goにはinternalパッケージと呼ばれるしくみがあります。

```
.
├── cmd
│   └── awesome
│       ├── awesome
│       └── main.go
├── go.mod
├── internal
│   └── awesome
│       └── awesome.go
└── zoo
    └── internal
        └── bored
            └── bored.go
```

このディレクトリ構成では、cmd/awesome/main.goはinternal/awesomeにある関数を呼び出すことができますが、zoo/internal/boredにある関数は呼び出せません。さらには、このパッケージの外からはinternal/awesomeもzoo/internal/boredも参照することができません。

```
package main

import (
    "log"

    "github.com/mattn/awesome-lib/internal/awesome"

    // boredは参照できない
    //"github.com/mattn/awesome-lib/zoo/internal/bored"
)

func main() {
    if err := awesome.DoAwesome(); err != nil {
        log.Fatal(err)
    }

    // boredの関数は使えない
    //if err := bored.DoBored(); err != nil {
    //  log.Fatal(err)
    //}
}
```

参照することができるのは、internalパッケージと同列、もしくはその配下のソースコードからのみになります。このinternal配下にパッケージを置くことで、意図せず利用者が参照してしまう事故を防げます。

4.9 Embedded struct

以下のように記述することでstructを合成することができます。

```
type Attr struct {
    Name string
    Age  int
}
```

```
type Teacher struct {
    Attr
    Subject string
}

type Student struct {
    Attr
    Score int
}
```

この場合、TeacherはName、Age、Subjectのフィールドを持ちます。またStudentはName、Age、Scoreのフィールドを持ちます。初期化は以下のように行います。

```
teacher := Teacher {
    Attr: Attr{
        Name: "John Schwartz",
        Age:   43,
    },
    Subject: "Math",
}

student := Student {
    Attr: Attr{
        Name: "Robert Smith",
        Age:   17,
    },
    Score: 87,
}
```

合成されたフィールドは以下のように参照できます。

```
fmt.Println(teacher.Name, teacher.Subject)
fmt.Println(student.Name, student.Score)
```

また、同じフィールドを持つstructを複数合成した場合は、先に埋め込まれたstructが優先されます。

```
type Attr struct {
    Name string
    Age  int
}

type AttrEx struct {
    Name string
}
```

```
type Teacher struct {
    Attr
    AttrEx
    Subject string
}
```

この場合、teacher.Nameのように参照することはできませんが、以下のように埋め込まれたstruct名を使って参照することができます。

```
teacher := Teacher{
    Attr: Attr{
        Name: "John Schwartz",
        Age:  43,
    },
    AttrEx: AttrEx{
        Name: "JS",
    },
    Subject: "Math",
}

fmt.Println(teacher.Attr.Name)
fmt.Println(teacher.AttrEx.Name)
```

AttrやAttrExにメソッドがある場合には、teacherから呼び出すこともできます（**リスト4.23**）。

リスト4.23　別のstructからフィールドの持つメソッドを呼び出す

```
type Attr struct {
    Name string
    Age  int
}

func (a Attr) String() string {
    return fmt.Sprintf("%s(%d)", a.Name, a.Age)
}

type AttrEx struct {
    Name string
}

func (a AttrEx) String() string {
    return fmt.Sprintf("(a.k.a. %s)", a.Name)
}

type Teacher struct {
    Attr
    AttrEx
    Subject string
```

```
}

func main() {
    teacher := Teacher{
        Attr: Attr{
            Name: "John Schwartz",
            Age:  43,
        },
        AttrEx: AttrEx{
            Name: "JS",
        },
        Subject: "Math",
    }
    // John Schwartz(43) (a.k.a. JS)
    fmt.Println(teacher.Attr.String(), teacher.AttrEx.String())
}
```

この機能は一見、継承のように見えますが、埋め込んだstructから埋め込まれたstructを参照することはできません。委譲（コンポジション）としての継承は実現できます（**リスト4.24**）。

リスト4.24　委譲としての継承

```
package main

import (
    "fmt"
)

type Walker struct {
    Name string
}

func (w *Walker) Walk() { fmt.Printf("%s is walking\n", w.Name) }

type Runner struct {
    Walker
}

func NewRunner(name string) *Runner {
    return &Runner{Walker{Name: name}}
}

func (r *Runner) Run() { fmt.Printf("%s is running\n", r.Name) }

func main() {
    runner := NewRunner("John")
    runner.Walk() // John is walking
    runner.Run()  // John is running
}
```

runner.Walk()は、さもRunnerにあるWalkメソッドを呼び出しているように見えますが、実際にはrunner.Walker.Walk()を呼び出すシュガーになっています（runner.Walker.Walk()の呼び出しも可能です）。

4.10 go run

これまで、ソースをビルドして実行するためにgo buildコマンドを紹介しましたが、以下のように実行することでビルドと実行を併せて行うことができます。

```
$ go run main.go
```

go runにはgoファイルが複数置かれたディレクトリも指定できます。

```
$ go run ./upload
```

さらにモジュールパスをバージョン付きで指定し実行することもできます。

```
$ go run github.com/mattn/longcat@v0.0.4
```

この例（ジョークコマンド）を実行すると端末に、縦に伸びた猫の画像が表示されます。

たとえば、インターネット上に置かれている資料をスクレイピングし、Goのソースコードを生成するツールを作成するためのコマンドを用意しておくと、その資料が更新されるたびにgo generateコマンドを実行するだけでソースコードを最新にすることができますが、その実行をgo runにしておくと、ビルドする手間も省けてとても便利です。

4.11 まとめ

Goの基本的なテクニックと、それに関連するベストプラクティスを解説しました。これらを自然と扱えるようになれば、Goの開発がさらに速く、そして高度になってきます。

これらを丸暗記する必要はありません。困ったときにはGoのドキュメントを参照しながら開発してください。Goのドキュメントは分量も多く、関数の挙動に関しても詳細に書かれています。パッケージのドキュメントでは意外と知らなかった機能を新発見することもあるので、目を通してみることをお勧めします。

第 5 章

Webアプリケーションの開発に必要な要素

Goにはいくつかのアプリケーションフレームワークが存在します。また、Go本体にもnet/httpというパッケージが用意されています。net/httpは単なるライブラリのように見えますが、これだけでWeb機能のほぼ全般を扱うことができます。本章ではnet/httpのほか、html/template、net_smtpを紹介します。

5.1 net/http

net/httpは標準で用意されているパッケージです。これだけでWebアプリケーションを開発することができます。Goの多くのWebアプリケーションフレームワークの実装が、内部ではnet/httpを使っています。

基本の使い方

net/httpによる簡単なWebサーバの実装を**リスト5.1**に示します。

リスト5.1　net/httpの使用例

```
package main

import (
    "fmt"
    "net/http"
)

func main() {
    http.HandleFunc("/", func(w http.ResponseWriter, r *http.Request) {
        fmt.Fprintf(w, "Hello World!")
    })
    http.ListenAndServe(":8080", nil)
}
```

http.HandleFuncを使ってリクエストハンドラを設定し、http.ListenAndServeでサーバを起動しています。とても簡単な仕様です。ハンドラの引数wは型から想像できるとおり、レスポンスを書き込むためのio.Writerです。rにはリクエスト情報が格納されています。

http.HandleFuncは複数呼び出すことができます。呼び出し順を考慮する必要はありません。ただ、Webアプリケーションフレームワークのように、GETやPOSTといったリクエストメソッドごとにハンドラを登録するのではない点に注意が必要です。

GETとPOSTを区別したい場合には以下のようにr.Methodを確認する必要があります。

```
http.HandleFunc("/", func(w http.ResponseWriter, r *http.Request) {
    switch r.Method {
    case http.MethodGet:
```

```
        // GET時の処理
    default:
    }
})
```

http.ResponseWriterはio.Writerであるため、Goのio.Writerを受け取る多くの関数を呼び出すことができます。

```
http.HandleFunc("/", func(w http.ResponseWriter, r *http.Request) {
    contents := forecast()
    w.Write([]byte(contents))
})
```

たとえば、io.Copyでファイルの内容を出力することもできます。

```
http.HandleFunc("/", func(w http.ResponseWriter, r *http.Request) {
    f, err := os.Open("/path/to/content.txt")
    if err != nil {
        http.Error(w, err.Error(), http.StatusInternalServerError)
        return
    }
    defer f.Close()
    io.Copy(w, f)
})
```


ルーティング

http.Handleとhttp.HandleFuncの違いは第二引数がfuncかどうかだけであり、http.HandlerFuncでキャストすることができます。以下の2つは等価です。

```
http.HandleFunc("/", func(w http.ResponseWriter, r *http.Request) {
    fmt.Fprintf(w, "Hello World!")
})
```

```
http.Handle("/", http.HandlerFunc(func(w http.ResponseWriter, r *http.Request) {
    fmt.Fprintf(w, "Hello World!")
}))
```

関数のシグネチャが同じであれば引数として渡すことができます。

```
func myHandler(w http.ResponseWriter, r *http.Request) {
    fmt.Fprintf(w, "Hello World!")
}

func main() {
    http.HandleFunc("/", myHandler)
    http.ListenAndServe(":8080", nil)
}
```

Goのメソッド値（Method Value、次のコラム参照）を使うことでhttp.HandleFuncにメソッドを渡すことができます。

```
type MyContext struct {
    db *sql.DB
}

func (m *MyContext) handle(w http.ResponseWriter, r *http.Request) {
    // m.dbを使った処理
}

func main() {
    myctx := NewMyContext()
    http.HandleFunc("/", myctx.handle)
    (..略..)
}
```

こうすることで、NewMyContextでデータベース接続をdbに設定し、handleの中でそのdbを使った処理を実装することができます。

COLUMN

Method Value

少し混乱するかもしれませんが、Goのメソッド呼び出しは、第一引数にレシーバに持った関数の呼び出しと同義であると言えます。

```
package main

import "fmt"

type I int

func (i I) Add(n int) I {
    return i + I(n)
}
```

```
func main() {
    var n I = 0

    n = n.Add(1).Add(2)
    fmt.Println(n) // 1 + 2 = 3
}
```

これはintの別名IにAddというメソッドを定義し、引数の値と足し算をして返す関数です。メソッドAddは値として変数に取ることができます。

```
add := n.Add
fmt.Println(add(3)) // 3 + 3 = 6
```

n.Addにaddという名前を付けることで、レシーバを指定せずに呼び出すことができます。さて、このn.Addの型を確認してみましょう。

```
fmt.Printf("%T\n", n.Add) // func(int) main.I
```

期待していたとおりだと思います。ではI.Addはどうでしょうか？

```
fmt.Printf("%T\n", I.Add) // func(main.I, int) main.I
```

引数が2つになりました。これはレシーバが第一引数にあることを意味しています。つまり、以下の2つのAddは同じ意味になるということになります。

```
n = 1
fmt.Println(n.Add(2))
fmt.Println(I.Add(n, 2))
```

前述のように、net/httpは巷(ちまた)のWebアプリケーションフレームワークのように、GETやPOSTといったメソッドを制限したハンドラを登録したり、パラメータを受け取れたりするようなルーティング機能を持っていません。すべて自分で実装する必要があります。

ベースをnet/httpで構築し、ルーティング機能のみサードパーティライブラリを使うこともできます。julienschmidt/httprouter[注5.1]を使うと、net/httpを使いつつ、ルーティングだけを差し替えられるため、少しだけ高度なWebアプリケーションを構築することができます（**リスト5.2**）。

注5.1　https://github.com/julienschmidt/httprouter

リスト5.2 julienschmidt/httprouterによるルーティング

```
package main

import (
    "fmt"
    "net/http"
    "log"

    "github.com/julienschmidt/httprouter"
)

func Index(w http.ResponseWriter, r *http.Request, _ httprouter.Params) {
    fmt.Fprint(w, "Welcome!\n")
}

func Hello(w http.ResponseWriter, r *http.Request, ps httprouter.Params) {
    fmt.Fprintf(w, "hello, %s!\n", ps.ByName("name"))
}

func main() {
    router := httprouter.New()
    router.GET("/", Index)
    router.GET("/hello/:name", Hello)

    log.Fatal(http.ListenAndServe(":8080", router))
}
```

また、gocraft/web[注5.2]を使っても同様のことができます（**リスト5.3**）。

リスト5.3 gocraft/webによるルーティング

```
package main

import (
    "fmt"
    "net/http"
    "strings"

    "github.com/gocraft/web"
)

type AppContext struct {
    HelloCount int
}

func (c *AppContext) SetHelloCount(rw web.ResponseWriter, req *web.Request, next web.
NextMiddlewareFunc) {
    c.HelloCount = 3
```

注5.2 https://github.com/gocraft/web

```
    next(rw, req)
}

func (c *AppContext) SayHello(rw web.ResponseWriter, req *web.Request) {
    fmt.Fprint(rw, strings.Repeat("Hello ", c.HelloCount), "World!")
}

func main() {
    router := web.New(AppContext{}). // Create your router
                    Middleware(web.LoggerMiddleware).// Use some included middleware
                    Middleware(web.ShowErrorsMiddleware). // ...
                    Middleware((*AppContext).SetHelloCount). // Your own middleware!
                    Get("/", (*AppContext).SayHello)         // Add a route
    http.ListenAndServe("localhost:3000", router) // Start the server!
}
```

ブラウザからhttp://localhost:3000/にアクセスすると、更新するたびに「Hello 1」のカウントが足されます。routerはhttp.Handlerを実装しており、net/httpに注入する形でルーティングを構成することができます。

さて、なぜルーティングのためにフレームワークを使わなければならないのでしょうか。それはルーティングという機能そのものが複雑だからです。複雑さを知っていただくために、簡単なルーティングを実装してみます。

ルーティングに必要な要素は以下の3つです。

- どのHTTPメソッドか
- リクエストURIとマッチさせるためのしくみ
- パスパラメータと関数呼び出し

簡単な例として実装するため、正規表現を使います。まず、パスパラメータとそれを渡す関数の型を定義します。

```
type routerParam map[string]string

type routerFunc func(routerParam, http.ResponseWriter, *http.Request)
```

ルータが扱うマッチ要素に持つ情報は以下のとおりです。

```
type routerItem struct {
    method  string
    matcher *regexp.Regexp
```

```
    fnc   routerFunc
}

type router struct {
    items []routerItem
}
```

リクエストメソッドがmethodと一致し、かつリクエストURIが正規表現のパターンmatcherと一致していれば、fncを呼び出すというものです。routerは最終的にはhttp.ListenAndServeの第二引数として渡すので、http.Handlerを実装しなければなりません。巷によくあるルーティングのようにGETやPOSTも実装します(**リスト5.4**)。

リスト5.4　フレームワークを使わずルーティングを実装

```
func (rt *router) GET(prefix string, fnc routerFunc) {
    rt.items = append(rt.items, routerItem{
        method:  http.MethodGet,
        matcher: regexp.MustCompile(prefix),
        fnc:     fnc,
    })
}

func (rt *router) POST(prefix string, fnc routerFunc) {
    rt.items = append(rt.items, routerItem{
        method:  http.MethodPost,
        matcher: regexp.MustCompile(prefix),
        fnc:     fnc,
    })
}

func (rt *router) ServeHTTP(w http.ResponseWriter, r *http.Request) {
    for _, v := range rt.items {
        // リクエストメソッドの一致、リクエストURIがマッチ
        if v.method == r.Method && v.matcher.MatchString(r.RequestURI) {
            // パスパラメータの取得
            match := v.matcher.FindStringSubmatch(r.RequestURI)
            param := make(routerParam)
            for i, name := range v.matcher.SubexpNames() {
                param[name] = match[i]
            }
            v.fnc(param, w, r)
            return
        }
    }
    http.NotFound(w, r)
}
```

このように実装すると、サーバの構築は**リスト5.5**のようになります。

リスト5.5　リスト5.4に対応するサーバの実装

```
func main() {
    rt := router{}
    // 先頭から見て/だけで終わる文字列
    rt.GET(`^/$`, func(p routerParam, w http.ResponseWriter, r *http.Request) {
        fmt.Fprintln(w, "Hello")
    })
    // 先頭から見て/で始まり英数字だけが続いて終わる文字列
    rt.GET(`^/(?P<name>\w+)$`, func(p routerParam, w http.ResponseWriter, r *http.
Request) {
        fmt.Fprintf(w, "Hello: %v\n", p["name"])
    })
    // 先頭から見て/apiで終わる文字列
    rt.POST(`^/api$`, func(p routerParam, w http.ResponseWriter, r *http.Request) {
        w.Header().Set("content-type", "text/json")
        fmt.Fprintln(w, `{"status": "OK"}`)
    })
    http.ListenAndServe(":8080", &rt)
}
```

実際に起動してcurlでアクセスしてみます。

```
$ curl http://localhost:8080/xxx.html
404 page not found

$ curl http://localhost:8080/
Hello

$ curl -X POST http://localhost:8080/api
{"status": "OK"}

$ curl http://localhost:8080/mattn
Hello: mattn
```

おおよそ期待どおりに動作しました。一見簡単そうに見えるかもしれませんが、この実装には以下の問題があります。

- 登録が正規表現のため読みづらい
- マッチがそれほど速くない
- GETやPOST以外のメソッドに対応していない
- /mattn/../のようなパスを補正しない

これらの問題を解決するには多くのコードを必要とします。安全のためにも、枯れた実装を使うことをお勧めします。

ファイルのサーブ

ファイルをサーブしたい場合にはhttp.FileServerを使います。

```
http.Handle("/", http.FileServer(http.Dir("./static")))
```

この場合、staticというディレクトリにあるファイルがサーブされます。つまり./static/index.htmlがhttp://localhost:8080/index.htmlとしてサーブされます。

./static/index.htmlをhttp://localhost:8080/public/index.htmlとしてサーブしたい場合には少し注意が必要です。以下のようにしても期待どおりにはなりません。

```
http.Handle("/public/", http.FileServer(http.Dir("./static")))
```

これは、/public/index.htmlというリクエストに対してファイルサーバが./public/static/index.htmlというファイルを探してしまうためです。http.StripPrefixを用いて/public/を取り除く必要があります。

```
http.Handle("/public/", http.StripPrefix("/public/", http.FileServer(http.Dir("./static"))))
```

StripPrefixの第一引数は第二引数に対して作用するのではなく、リクエストURIに対して作用する点を留意しておきましょう。

FileServerを使用する場合、Content-Typeは自動で設定されます。もしGoが用意するMIMEタイプに該当しないファイルをサーブしたい場合には、自分でファイルのサーブ処理を書く必要があります。

```
fileserver := http.StripPrefix("/public/", http.FileServer(http.Dir("./static")))
http.HandleFunc("/", func(w http.ResponseWriter, r *http.Request) {
    if path.Ext(r.URL.Path) == ".xls" {
        w.Header().Set("Content-Type", "application/vnd.ms-excel")
    }
    fileserver.ServeHTTP(w, r)
})
```

カスタマイズしたい拡張子がたくさんある場合にはmapを用意しておくと良いでしょう。

```
mimemap := map[string]string{
    ".xls":  "application/vnd.ms-excel",
    ".xlsx": "application/vnd.openxmlformats-officedocument.spreadsheetml.sheet",
    ".ppt":  "application/vnd.ms-powerpoint",
    ".pptx": "application/vnd.openxmlformats-officedocument.presentationml.presentation",
    ".doc":  "application/msword",
    ".docx": "application/vnd.openxmlformats-officedocument.wordprocessingml.document",
}
http.HandleFunc("/", func(w http.ResponseWriter, r *http.Request) {
    if typ, ok := mimemap[path.Ext(r.URL.Path)]; ok {
        w.Header().Set("Content-Type", typ)
    }
    fileserver.ServeHTTP(w, r)
})
```


5.2 html/template

html/templateはGoに標準で用意されたテンプレートエンジンです。独自の記法により制御構文や関数呼び出しができます。**リスト5.6**がhtml/templateを扱う際の基本の形です。

リスト5.6 html/templateの基本形

```
package main

import (
    "html/template"
    "log"
    "os"
)

func main() {
    tmpl := `{{.}}` // ←★
    t := template.Must(template.New("").Parse(tmpl))
    err := t.Execute(os.Stdout, "Hello, World!")
    if err != nil {
        log.Fatal(err)
    }
}
```

★部分の`.`はExecuteに渡された値、またはwithおよびrangeで束縛される値を示します。Goのhtml/templateは値が出力されるコンテキストにより自動でエスケープ方法が変わります。たとえば下記のテンプレートを見てください。

```
<a href="{{.}}">link</a>
```

このテンプレートにExecuteで<script>alert(1)</script>を渡すと、以下のようにURLエスケープされて出力されます。

```
<a href="%3cscript%3ealert%281%29%3c/script%3e">link</a>
```

また以下のテンプレートを見てください。

```
<a href="/add">{{.}}</a>
```

この場合は以下のようにHTMLエスケープされて出力されます。

```
<a href="/add">&lt;script&gt;alert(1)&lt;/script&gt;</a>
```

struct

structをExecuteに渡すと、.Fieldのようにフィールドの値が参照できます。

```
type User struct {
    Name string
}
user := User{Name: "Bob"}
err := t.Execute(os.Stdout, user)
```

以下のテンプレートで実行するとBobが表示されます。

```
{{.Name}}
```

range/end

配列やスライスをExecuteに渡すと、rangeを使ってループさせることができます。

```
values := []string{"Hello", "World"}
err := t.Execute(os.Stdout, values)
```

以下のテンプレートで実行すると、

```
{{range .}}
<p>{{.}}</p>{{end}}
```

以下のように出力されます。

```
<p>Hello</p>
<p>World</p>
```

rangeブロックの中のスコープはその要素になります。また、indexを使うことでインデックスを指定できます。

```
{{index . 1}}
```

このテンプレートで実行すると「World」と表示されます。

if/else/end

html/templateでは制御構文が扱えます。

```
type User struct {
    Age  int
    Name string
}
user := User{Age: 21, Name: "Bob"}
err := t.Execute(os.Stdout, user)
```

テンプレートでは以下のように指定します。

```
{{if gt .Age 20}}
{{.Name}} is older than 20
{{else}}
{{.Name}} is not older than 20
{{end}}
```

扱える評価式は**表5.1**のとおりです。

表5.1 html/templateで使える評価式

式	評価
`{{if eq .Num 1}}{{end}}`	Numが1と等しい
`{{if ne .Num 1}}{{end}}`	Numが1と等しくない
`{{if gt .Num 1}}{{end}}`	Numが1より大きい
`{{if ge .Num 1}}{{end}`	Numが1以上
`{{if lt .Num 1}}{{end}}`	Numが1より小さい
`{{if le .Num 1}}{{end}}`	Numが1以下
`{{if .Enabled}}{{end}}`	Enabledがtrue
`{{if not .Enabled}}{{end}}`	Enabledがfalse
`{{if or (eq .Name "Bob") (eq .Name "Mike")}}{{end}}`	NameがBobかMike
`{{if and (ge .Age 20) (eq .Name "Bob")}}{{end}}`	Ageが20以上でNameがBob

with/else/end

withを使うことでブロック内のスコープを変更できます。

```
type Employee struct {
    Name string
}
type Company struct {
    Employees []Employee
}
company := Company{
    Employees: []Employee{
        {Name: "Bob"},
        {Name: "Mike"},
    },
}
err := t.Execute(os.Stdout, company)
```

以下のテンプレートで実行すると「Bob」が表示されます。

```
{{with index .Employees 0}}
{{.Name}}
{{end}}
```

withは値が空(0や""、nil)であった場合にはelseを取ることができます。

```
{{with .}}
{{.}}
{{else}}
```

```
Not Found
{{end}}
```

withやrangeはコンテキスト内だけで有効な変数に値を代入することもできます。

```
{{with $v := index .Employees 0}}
{{$v.Name}}
{{end}}
```

template.HTML

前述のように、html/templateはデフォルトでエスケープされます。<や>を含んだ文字列は<や>に変換され、HTML属性値の中ではパーセントエスケープされます。しかし、時にはHTMLタグをそのまま出力したいケースもあります。そういった場合にはtemplate.HTMLを使います。

```
tmpl := `<div>{{.}}</div>`
t := template.Must(template.New("").Parse(tmpl))
err := t.Execute(os.Stdout, template.HTML(`<b>HTML</b>`))
```

このコードを実行すると以下が出力されます。

```
<div><b>HTML</b></div>
```

また、scriptタグの中でJavaScriptを出力するのであればtemplate.JSを使います。

```
tmpl := `<script>{{.}}</script>`
t := template.Must(template.New("").Parse(tmpl))
err := t.Execute(os.Stdout, template.JS(`alert("<script>1</script>")`))
```

このソースコードを実行すると以下が出力されます。

```
<script>alert("<script>1</script>")</script>
```

FuncMap

html/templateでは自作の関数を追加することができます。たとえばtime.Timeの値を独自の書式で出力するのであれば、**リスト5.7**のようにFuncMapを使ってFuncsを設定します。

リスト5.7　html/templateで自作の関数を追加

```
package main

import (
    "html/template"
    "log"
    "os"
    "time"
)

func main() {
    t := template.New("").
        Funcs(template.FuncMap{
            "FormatDateTime": func(format string, d time.Time) string {
                if d.IsZero() {
                    return ""
                }
                return d.Format(format)
            }})
    tmpl := `{{FormatDateTime "...." .}}` // 実行するテンプレート
    t = template.Must(t.Parse(tmpl))
    err := t.Execute(os.Stdout, time.Now())
    if err != nil {
        log.Fatal(err)
    }
}
```

以下のテンプレートで実行すると日本語の日付が出力されます。

```
{{FormatDateTime "2006年01月02日" .}}
```

template.Parse

template.Parseは文字列を受け取りますが、ファイルを指定することもできます。

```
t := template.Must(template.New("").ParseFiles(
    "template/index.html.tmpl",
    "template/description.html.tmpl",
    "template/login.html.tmpl",
))
```

またワイルドカード文字列を使って読み込むこともできます。

```
t := template.Must(template.New("").ParseGlob("template/*.tmpl"))
```

define/template

テンプレートには名前が付けられます（**リスト5.8**）。

リスト5.8　body.html.tmpl

```
{{define "body"}}
{{.}}
{{end}}
```

このテンプレートは**リスト5.9**のように他のテンプレートから呼び出すことができます。

リスト5.9　index.html.tmpl

```
{{define "index"}}
ここからが本文です。
{{template "body" .}}
ここまでが本文です。
{{end}}
```


リスト5.8、5.9をtemplateディレクトリに配置し、以下のコードを実行すると、

```
t := template.Must(template.New("").ParseGlob("template/*.tmpl"))
err := t.ExecuteTemplate(os.Stdout, "index", "これは本文です。")
```

以下が出力されます。

```
ここからが本文です。

これは本文です。

ここまでが本文です。
```

`{{template "body" .}}`の`.`で引数を渡せることに注目してください。

各テンプレートの命令（`{{`と`}}`で囲まれる部分）は、先頭または末尾に`-`を付けることで、前にある改行や後にある改行を無効にすることができます。

たとえば、前述の**リスト5.9**を以下のように変更してみます。

```
{{define "index"}}
ここからが本文です。
{{- template "body" .}}
ここまでが本文です。
```

```
{{end}}
```

すると以下が出力されます。

```
ここからが本文です。
これは本文です。

ここまでが本文です。
```

後ろにも付けてみましょう。

```
{{define "index"}}
ここからが本文です。
{{- template "body" . -}}
ここまでが本文です。
{{end}}
```

すると無駄な改行が削除されます。

```
ここからが本文です。
これは本文です。
ここまでが本文です。
```

さらに**リスト5.8**を以下に変更してみましょう。

```
{{define "body"}}
{{- . -}}
{{end}}
```

すると出力から改行がなくなり、1行で出力されます。

```
ここからが本文です。これは本文です。ここまでが本文です。
```

5.3 net/smtp

Goにはnet/smtpパッケージとnet/mailパッケージがあり、メールの送信を行うことができます。

net/smtpはSMTPプロトコルの送受信（RFC-5321）を、net/mailはメッセージフォーマット（RFC-5322）に関するライブラリです。

ただ、net/mailのメッセージフォーマットはバイト列のみを扱う簡易なものですので、添付ファイルなどを扱うには物足りません。enmime[注5.3]を使うと、こういった類の問題の多くを解決することができます（**リスト5.10**）。

リスト5.10 enmimeの使用例

```
package main

import (
    "net/smtp"

    "github.com/jhillyerd/enmime"
)

func main() {
    smtpHost := "my-mail-server:25"
    smtpAuth := smtp.PlainAuth(
        "example.com",
        "example-user",
        "example-password",
        "auth.example.com")

    sender := enmime.NewSMTP(smtpHost, smtpAuth)

    master := enmime.Builder().
        From("送信太郎", "taro@example.com").
        Subject("メールのタイトル").
        Text([]byte("テキストメール本文")).
        HTML([]byte("<p>HTML メール<b>本文</b></p>")).
        AddFileAttachment("document.pdf")

    msg := master.To("宛先花子", "hanako@example.com")
    err := msg.Send(sender)
    if err != nil {
        log.Fatal(err)
    }
}
```

ただしメールはUTF-8エンコーディングのまま送信されます。一部の日本のモバイル端末では、いまだにISO-2022-JPのみ扱うものが存在し、受信すると文字化けしてしまうことがあります。そういった場合はenmimeは使えません。

注5.3 https://github.com/jhillyerd/enmime

以下のように、mime/multipartを使い、マルチパートを作成、本文はbase64でエンコードします。またSubjectヘッダはiso-2022-jpでエンコードし、base64でエンコードした形式を用いなくてはなりません（**リスト5.11**）。

リスト5.11　mime/multipartの使用例

```
package main

import (
    "bytes"
    "encoding/base64"
    "fmt"
    "io"
    "log"
    "mime/multipart"
    "net/smtp"
    "net/textproto"

    "golang.org/x/text/encoding/japanese"
)

func split(s string, n int) []string {
    ss := []string{}
    rs := []rune(s)
    l := len(rs)
    sub := ""
    for i, r := range rs {
        sub = sub + string(r)
        if (i+1)%n == 0 {
            ss = append(ss, sub)
            sub = ""
        } else if i+1 == l {
            ss = append(ss, sub)
        }
    }
    return ss
}

func header(s string) string {
    var buf bytes.Buffer
    iso2022jp := japanese.ISO2022JP.NewEncoder()
    for i, line := range split(s, 13) {
        if i != 0 {
            buf.WriteString("\r\n ")
        }
        buf.WriteString("=?iso-2022-jp?B?")
        input := []byte(line)
        b, err := iso2022jp.Bytes(input)
        if err != nil {
```

```
			b = input
		}
		buf.WriteString(base64.StdEncoding.EncodeToString(b))
		buf.WriteString("?=")
	}
	return buf.String()
}

func body(b []byte) []byte {
	return []byte(base64.StdEncoding.EncodeToString(b))
}

func main() {
	smtpHost := "my-mail-server:25"
	smtpAuth := smtp.PlainAuth(
		"example.com",
		"example-user",
		"example-password",
		"auth.example.com")

	var buf bytes.Buffer
	mw := multipart.NewWriter(&buf)

	mh := textproto.MIMEHeader{}
	mh.Set("Content-Type", "text/plain; charset=iso-2022-jp")
	mh.Set("Content-Transfer-Encoding", "base64")
	part, err := mw.CreatePart(mh)
	if err != nil {
		log.Fatal(err)
	}
	_, err = part.Write(encodeBody([]byte("メール本文")))
	if err != nil {
		log.Fatal(err)
	}
	mh = textproto.MIMEHeader{}
	mh.Set("Content-Type", "text/html; charset=utf-8")
	mh.Set("Content-Transfer-Encoding", "base64")
	part, err = mw.CreatePart(mh)
	if err != nil {
		log.Fatal(err)
	}
	_, err = part.Write(encodeBody([]byte("<p>メール<b>本文</b></p>")))
	if err != nil {
		log.Fatal(err)
	}
	mw.Close()

	boundary := mw.Boundary()
	var body bytes.Buffer
	body.WriteString(
```

```
        fmt.Sprintf("From: %s <%s>\n", header("送信太郎"), "taro@example.com"))
    body.WriteString(
        fmt.Sprintf("To: %s <%s>\n", header("宛先花子"), "hanako@example.com"))
    body.WriteString(
        fmt.Sprintf("Content-Type: multipart/alternative; boundary=%s\n", boundary))
    body.WriteString(
        fmt.Sprintf("Subject: %s\n", header("メールのタイトル")))
    body.WriteString("\n")
    io.Copy(&body, &buf)

    err = smtp.SendMail(
        smtpHost,
        smtpAuth,
        "taro@example.com",
        []string{"hanako@example.com"},
        body.Bytes())
    if err != nil {
        log.Fatal(err)
    }
}
```

もちろん、日本語の題名を送信するのにquoted-printable形式も使えますが、日本語だけで構成されるSubjectや本文の場合はbase64エンコーディングのほうが小さくなるため、base64決め打ちでも良いでしょう。

5.4 まとめ

Goのnet/httpパッケージを使用してWebアプリケーションを作成する方法を、またnet/smtpやサードパーティライブラリを使用してメールを送信する方法を解説しました。いずれもGoでウェブアプリケーションを作成するうえでは必要になる機能のため、実際に手を動かして使い方を覚えると良いでしょう。とくに、html/templateはいろいろな応用方法があります。ぜひマスターできるようにしましょう。

第 6 章

速いプログラムのためのテクニック

本章ではgoroutineとは実際にはどのようなものなのかをあらためて解説し、goroutineとchannelを使ったテクニックを紹介していきます。また、それらを使った非同期パターンの実装例も紹介します。

6.1 並行と並列

具体的な実装の紹介の前に、まず並行と並列について説明します。

ある2つの処理を実行するとき、2つの処理をそれぞれ別の作業者が担当したとします。これを並列と言います。並列は個々の作業者がその処理に100%注力します（図6.1）。

図6.1 並列のイメージ

一方、2つの処理をフェーズごとに区切り、1人の作業者が都度処理したとします。これを並行と言います。並行では作業者がフル回転で作業することはできません（図6.2）。

図6.2 並行のイメージ

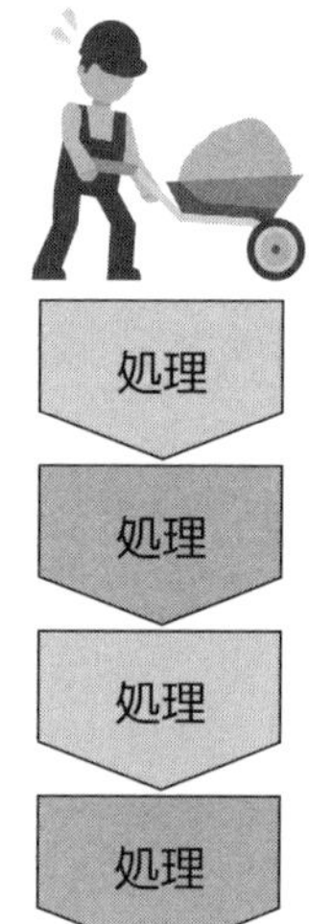

一見、並列のほうが早く処理が終わると思ってしまうかもしれません。しかし、そうとも限りません。

コンピュータで実行する処理は計算処理だけではありません。プログラムが処理にかける時間の多くではファイルやネットワークに対するI/Oが伴います。ファイルやネットワークのI/Oは非同期プログラミングを行わない限りブロッキングされます。つまり並列は一見、作業者がフル回転していそうに見えて、待ち時間が多く発生するのです。効率良く作業することで、並行のほうが結果的に早く作業が終わる場合があります。

さらに複数の作業者が並列で作業する際は、作業者間でコミュニケーションが必要な場合もあります。そういった場合、コミュニケーションの間に手を止める必要があり、効率がどんどん落ちます。これらの問題を解決するのがgoroutineとchannelです。

6.2 goroutine

第3章にて、Goにはgoroutineという軽量のスレッドがあることを説明しました。goroutineをうまく使うことで、プログラムをより速くすることができます。ただし気をつけなければならないのは、goroutineが効果を出すのはI/Oが絡むケースだということです。メモリやCPUのみを使う計算処理を並行処理したとしても、それほど効果を発揮しません。pthreadで実装したC言語での実装と比較すると、少し遅くなることがあります。

goroutineは「ファイルI/Oやネットワーク通信でブロックしている間にもランタイムが選んだCPUコアで別の処理を並行して行うことで単純な並列処理よりも効率的に処理を行う」を主題にしているランタイムの機能です。よって並行処理を行う部分の見極めが重要となります。

goroutineは軽量スレッドと呼ばれていますが、実際にスレッドが常に起きているわけではありません。たとえば**リスト6.1**のプログラムを見てください。

リスト6.1　goroutineの使用例

```
package main

import (
    "sync"
    "time"
)

func doSomething(wg *sync.WaitGroup) {
    defer wg.Done()
```

```
    time.Sleep(100 * time.Second)
}

func main() {
    var wg sync.WaitGroup
    for i := 0; i < 100; i++ {
        wg.Add(1)
        go doSomething(&wg)
    }
    wg.Wait()
}
```

これを以下のコマンドでビルドして実行します。

```
$ go build -o goroutine-test main.go
$ ./goroutine-test
```

別の端末を開き、以下のコマンドを実行します。

```
$ ps a -o pid,nlwp,args | grep goroutine-test | grep -v grep
  55179 6 ./goroutine-test
```

実行結果のうち、2カラムめがスレッド数になります。4コアCPUのハードウェアで実行しました。100個のgoroutineを起動しましたが、実際のスレッド数は6個です。

では次に、先ほどの**リスト6.2**を以下のように変更してみましょう。

リスト6.2　リスト6.1を負荷が高くなるよう変更

```
package main

import (
    "fmt"
    "sync"
)

func doSomething(wg *sync.WaitGroup, id int) {
    defer wg.Done()
    for i := 0; i < 10000; i++ {
        fmt.Printf("%d\n", id)
    }
}

func main() {
    var wg sync.WaitGroup
    for i := 0; i < 100; i++ {
        wg.Add(1)
        go doSomething(&wg, i)
```

```
    }
    wg.Wait()
}
```

少しだけ負荷の高い処理になります。これを実行して再度スレッド数を確認してみてください。同じく6になっているのがわかると思います。これは、実際に6つしか並行処理していないわけではなく、Goのランタイムが効率的にCPUコアを使っているのです。つまりgoroutineがCPUの1コアを占有しないのです。このことを確かめるために、同様の処理を行うC言語のプログラム（**リスト6.3**）を実行して比較してみます。

main.goにてfmt.Printlnやfmt.Printfが呼び出しているos.File.Writeは標準出力をロックし、システムコール`write(2)`の完了を確認しているため、C言語における`fflush(3)`相当の処理を行っています。これにより標準出力が混ざりあうことはなく、期待する出力が行われます。GoとC言語で計測をフェアにするために、ここではC言語のほうにflockfile/funlockfileによるstdoutのロック、またfflushによるバッファのフラッシュを追加しています。

リスト6.3　リスト6.2と同様の処理を行うC言語のプログラム

```
#define _OPEN_THREADS
#include <pthread.h>
#include <stdlib.h>
#include <stdio.h>
#include <unistd.h>

void *thread(void *arg) {
  pthread_t self = pthread_self();
  int i = 0;
  for (i = 0; i < 10000; i++) {
    flockfile(stdout);
    printf("%ld\n", self);
    fflush(stdout);
    funlockfile(stdout);
  }
  pthread_exit(0);
}

int main() {
  pthread_t thid[100];
  int i;
  void *ret;

  for (i = 0; i < 100; i++) {
    if (pthread_create(&thid[i], NULL, thread, NULL) != 0) {
      perror("pthread_create() error");
      exit(1);
```

6

```
        }
    }

    for (i = 0; i < 100; i++) {
        if (pthread_join(thid[i], NULL) != 0) {
            perror("pthread_create() error");
            exit(3);
        }
    }
}
```

C言語のソースコードは以下のようにコンパイルして実行します。

```
$ gcc main.c
$ ./a.out
```

topコマンドなどで確認すると、スレッドが100個実行され、CPU使用率が振り切ってしまうことが分かると思います。また前述のpsコマンドで確認すると、確かに100個のスレッドが起動しているのが確認できます。4コアのCPUで100個ものスレッドを起動すると、コンテキストスイッチ（スレッドを停止してコアに別のスレッドを割り当てる処理）が多く発生し、負荷が高くなってしまいます。以下のコマンドを実行して、この処理の実行に何秒かかるのかを確認してみてください。

```
$ time ./a.out > /dev/null
real    0m12.018s
user    0m8.500s
sys  0m37.901s
```

およそ12秒かかりました。ではGoのプログラムでも同じ計測をしてみましょう。

```
$ time ./main1 > /dev/null
real    0m8.940s
user    0m11.409s
sys  0m8.839s
```

GoのほうがC言語よりも3秒ほど早く終了しました。この結果に驚く人もいるかもしれません。Goでは4コアの中で最低限必要な6スレッドを起動し、その中でGoのランタイムスケジューラが各goroutineを小さな処理の単位で切り替えつつCPUコアに割り当てながら実行することで、コアを有効に使うことができたことを意味しています。

注意すべき点として、goroutineは1つのCPUコアに固定されないということがあります。Goだけで実装する場合には問題になりませんが、第4章で紹介したcgo（GoからC言語を扱うための方法）を使うと、1つのgoroutine内でスレッドIDがころころ変わることがあります。

もちろんすべてのケースにおいてC言語よりもGoが速くなるわけではありません。スレッド数がそれほど必要ないケースでは当然、C言語の実装のほうが早く終了します。逆に言うと、並行処理をたくさん行う必要があるケースでは、GoはCPUコアを有効に活用できる処理を簡単に実装できるということになります。goroutineは並行かつ並列と言えるのです。第1章でGoはgoroutineを「湯水のように実行することができます」と書いたのは、このことを意味しています。

6.3 channel

前述のとおり、並列処理においては作業者の間でコミュニケーションが必要な場合があります。コミュニケーションにも種類があります。

- 相手の応答を待たなければならない対話
- 相手にいつか伝わればいい程度の通知

これらをうまく扱うことができるのがchannelです。第3章からサンプルコードを引用します（**リスト6.4**）。

リスト6.4　goroutineとchannelを使った例（第3章リスト3.12と同コード）

```
func downloadCSV(wg *sync.WaitGroup, urls []string, ch chan []byte) {
    defer wg.Done()
    defer close(ch) // 終わったら閉じる (5)

    // HTTP サーバからのダウンロード
    for _, u := range urls {
        resp, err := http.Get(u)
        if err != nil {
            log.Println("cannot download CSV: ", err)
            continue
        }
        b, err := ioutil.ReadAll(resp.Body)
        if err != nil {
            resp.Body.Close()
            log.Println("cannot read content: ", err)
            continue
        }
        resp.Body.Close()
```

```
        ch <- b // main関数にコンテンツを送信 (3)
    }
}

func main() {
    urls := []string {
        "http://my-server.com/data01.csv",
        "http://my-server.com/data02.csv",
        "http://my-server.com/data03.csv",
        (..略..)
    }

    // バイト列を転送するためのchannelを作成 (1)
    ch := make(chan []byte)

    var wg sync.WaitGroup
    wg.Add(1)
    go downloadCSV(&wg, urls, ch) // (2)

    // goroutineからコンテンツを受け取る (4)
    for _, b := range ch {
        r := csv.NewReader(bytes.NewReader(r))
        for {
            records, err := r.Read()
            if err != nil {
                log.Fatal(err)
            }
            // レコードの登録
            insertRecords(records)
        }
    }
    wg.Wait()
}
```

まず、**リスト6.4 (1)** ではバイト列を転送するためのchannelを作成します。makeにバッファサイズを指定していないので、channelへの送信処理とchannelからの受信処理は待ち合せることになります。

次に**リスト6.4 (2)** では作成したURLの一覧とchannelを引数に与え、goroutineを起動します。ここからはmain関数とdownloadCSVの並行処理となります。downloadCSVではURL一覧を1つずつループさせ、http.Getを使ってコンテンツをダウンロードします。**リスト6.4 (3)** でこのダウンロードしたバイト列をchannelに送信しています。

main関数の**リスト6.4 (4)** ではchannelをforで使用しています。downloadCSVから送信されたバイト列が得られるので、それをbytes.Readerに与えてCSVの読み取りを開始し、レコード登録処理を行います。

downloadCSVではすべてのURLを処理しきると`defer close(ch)`によりchannelが閉じられます（**リスト6.4 (5)**）。それに連動してmain関数のforループ（**リスト6.4 (4)**）が終了します。

ブロッキングが起きる`http.Get(u)`や`ioutil.ReadAll(resp.Body)`、場合によってはinsertRecordsの間にもそれぞれのgoroutineが動き続けるため、高速に処理が完了します。

6.4 非同期パターン

第3章では、goroutineとchannel、そしてsync.WaitGroupを使った基本的な並行処理の書き方を解説しました。本章では、これらを使った非同期の並行処理のテクニックを紹介します。

goroutineとchannel、そしてsync.WaitGroupだけで複雑なことを行うのは難しいように感じるかもしれません。しかし、これらを使ってたくさんの非同期パターンを実装できます。本来は、goroutineを正常に終了させるためにcontextを使って処理を中断し、sync.WaitGroupを使ってgoroutineの終了を待ち合わせるべきですが、本章では要点を押さえるためにあえて省略します。

6

ジェネレータ

リスト6.5の処理は第3章にも登場しました。

リスト6.5　goroutineとchannelを使ったジェネレータの例

```
package main

import (
    "fmt"
    "time"
)

func generator(msg string) <-chan string {
    ch := make(chan string)
    go func() {
        for i := 0; ; i++ {
            ch <- fmt.Sprintf("%s %d", msg, i)
            time.Sleep(time.Second)
        }
    }()
    return ch
}
```

```
func main() {
    ch := generator("Hello")
    for i := 0; i < 5; i++ {
        fmt.Println(<-ch)
    }
}
```

このソースコードを実行すると、以下の出力が1秒ごとに表示されます。

```
Hello 0
Hello 1
Hello 2
Hello 3
Hello 4
```

関数generatorの中でgoroutineを起動し、goroutineから返されたchannelをmain関数で受信します。ここで着目してほしいのは、関数宣言にある<-chanです。このようにchanを宣言することで、返されるchanが受信専用であることを明示できます。返されたchanに対して送信を行うとコンパイルエラーになります。

なお第3章で説明したとおり、channelはmain側が受信を行わない限り、送信側がブロックするようになっています。ですので無限ループになりますが、time.Sleepを削除しても負荷が掛かるわけではありません。

合流処理

複数のgeneratorを1つのchannelにまとめる手法です（**リスト6.6**）。

リスト6.6　合流処理の例

```
package main

import (
    "fmt"
    "time"
)

func fanIn(ch1, ch2 <-chan string) <-chan string {
    new_ch := make(chan string)
    go func() { for { new_ch <- <-ch1 } }()
    go func() { for { new_ch <- <-ch2 } }()
    return new_ch
```

```
}

func generator(msg string) <-chan string {
    ch := make(chan string)
    go func() {
        for i := 0; ; i++ {
            ch <- fmt.Sprintf("%s %d", msg, i)
            time.Sleep(time.Second)
        }
    }()
    return ch
}

func main() {
    ch := fanIn(generator("Hello"), generator("Bye"))
    for i := 0; i < 10; i++ {
        fmt.Println(<- ch)
    }
}
```

2つの処理の実施状況を混ぜて画面に表示する場合などに便利です。

先着処理

合流と似ていますが、こちらはselectを使うことでgoroutineが1つ少なくなるのが特徴です（**リスト6.7**）。

リスト6.7　先着処理の例

```
package main

import (
    "fmt"
    "time"
)

func main() {
    ch := fanIn(generator("Hello"), generator("Bye"))
    for i := 0; i < 10; i++ {
        fmt.Println(<- ch)
    }
}

// fanIn is itself a generator
func fanIn(ch1, ch2 <-chan string) <-chan string { // receives two read-only channels
    new_ch := make(chan string)
```

```
    go func() {
        for {
            select {
                case s := <-ch1: new_ch <- s
                case s := <-ch2: new_ch <- s
            }
        }
    }()
    return new_ch
}

func generator(msg string) <-chan string { // returns receive-only channel
    ch := make(chan string)
    go func() { // anonymous goroutine
        for i := 0; ; i++ {
            ch <- fmt.Sprintf("%s %d", msg, i)
            time.Sleep(time.Second)
        }
    }()
    return ch
}
```

なお、このselectはch1またはch2に入力があるまでブロックしますが、defaultを足すことで、双方に入力がない場合の処理を書くことができます。

```
for {
    select {
        case s := <-ch1: new_ch <- s
        case s := <-ch2: new_ch <- s
        default:
            update_progressbar()
    }
}
```

たとえば、プログレスバーの更新などに使うと良いでしょう。

タイムアウト処理

リスト6.8のプログラムはgeneratorのループ内の処理が1秒以上かかると強制的に終了するものです。実行時の状況しだいでは10回ループするまでに途中で終了してしまうかもしれません。

リスト6.8　タイムアウト処理の例

```
package main

import (
    "fmt"
    "time"
)

func main() {
    ch := generator("Hi!")
    for i := 0; i < 10; i++ {
        select {
        case s := <-ch:
            fmt.Println(s)
        case <-time.After(1 * time.Second):
            fmt.Println("Waited too long!")
            return
        }
    }
}

func generator(msg string) <-chan string { // returns receive-only channel
    ch := make(chan string)
    go func() { // anonymous goroutine
        for i := 0; ; i++ {
            ch <- fmt.Sprintf("%s %d", msg, i)
            time.Sleep(time.Second)
        }
    }()
    return ch
}
```

また、ループ1つのタイムアウトではなく、全体をタイムアウトさせたい場合には**リスト6.9**のように実装します。

リスト6.9　リスト6.8を全体をタイムアウトさせるよう変更

```
package main

import (
    "fmt"
    "time"
)

func main() {
    ch := generator("Hi!")
    timeout := time.After(5 * time.Second)
    for i := 0; i < 10; i++ {
```

```
        select {
        case s := <-ch:
            fmt.Println(s)
        case <-timeout:
            fmt.Println("5s Timeout!")
            return
        }
    }
}

func generator(msg string) <-chan string { // returns receive-only channel
    ch := make(chan string)
    go func() { // anonymous goroutine
        for i := 0; ; i++ {
            ch <- fmt.Sprintf("%s %d", msg, i)
            time.Sleep(time.Second)
        }
    }()
    return ch
}
```

このgeneratorにはgoroutineを停止する処理がありません。channelの送信がブロッキングするため、ループが回り続けることはありませんが、goroutineは生き続けます。つまり、generatorを必要としなくなったあとはgoroutineがメモリに残り続けるgoroutineリークが発生します。

本節の2つの例はmain関数が終了するとともにgoroutineが停止するため、単独のプログラムとしてはgoroutineリークが起きることはありませんが、ライブラリとして何度か使う場合にはgoroutineリークが発生します。安全にgoroutineを停止したい場合は、次の「停止処理」節を参考にするか、第4章で紹介したcontextパッケージを使うべきです。

停止処理

これまでに説明したgeneratorは、プログラム停止時にgoroutineがリーク（実際にはプログラム終了時に停止）します。呼び出すたびにリークするため、このコードはライブラリとして使う場合には採用できません。**リスト6.10**のプログラムはgeneratorに対して停止指示を出せるようにしています。

リスト6.10　停止処理の例

```
package main

import (
    "fmt"
```

```
    "math/rand"
)

func main() {
    quit := make(chan bool)
    ch := generator("Hi!", quit)
    for i := rand.Intn(50); i >= 0; i-- {
        fmt.Println(<-ch, i)
    }
    quit <- true
}

func generator(msg string, quit chan bool) <-chan string { // returns receive-only channel
    ch := make(chan string)
    go func() { // anonymous goroutine
        for {
            select {
            case ch <- fmt.Sprintf("%s", msg):
                // nothing
            case <-quit:
                fmt.Println("Goroutine done")
                return
            }
        }
    }()
    return ch
}
```

停止指示を行ったあと、後処理が必要な場合には、さらにquitから応答をもらうと良いでしょう（**リスト6.11**）。

リスト6.11　リスト6.10に後処理を追加

```
package main

import (
    "fmt"
    "math/rand"
)

func main() {
    quit := make(chan string)
    ch := generator("Hi!", quit)
    for i := rand.Intn(10); i >= 0; i-- {
        fmt.Println(<-ch, i)
    }
    quit <- "Bye!"
    fmt.Printf("Generator says %s", <-quit)
```

```
}

func generator(msg string, quit chan string) <-chan string { // returns receive-only channel
    ch := make(chan string)
    go func() { // anonymous goroutine
        for {
            select {
            case ch <- fmt.Sprintf("%s", msg):
                // nothing
            case <-quit:
                quit <- "See you!"
                return
            }
        }
    }()
    return ch
}
```

確実にgoroutineの停止を待つのであれば、前述のsync.WaitGroupを使うのが良いでしょう。

ここまでの非同期パターンの実装例はGoogle I/O 2012のトーク「Go Concurrency Patterns」で紹介されたものを参考にしています[注6.1]。

スロットリング（throttling）

goroutineはとても軽量であるため、「湯水のように」使うことができますが、それゆえにgoroutineを生成し過ぎてしまい、そのgoroutineの中で行われるI/Oがボトルネックになってしまったり、その対象に負荷を掛けてしまったりする場合があります。

たとえば、あるWebサーバから100個のJSONファイルをダウンロードするケースを考えてみてください。1個のJSONファイルをダウンロードするのに6秒かかる場合、合計で600秒もかかってしまいます。これを100個のgoroutineで同時にダウンロードすれば、計算上は6秒で完了することになります（実際にはそうなりませんが）。

しかしながら、同時に100個もダウンロードを要求されたWebサーバにはかなりの負荷が掛かってしまいます。JSONの生成にメモリを使用するのであれば、サーバ側でスラッシング[注6.2]が発生し、シーケンシャルにダウンロードするよりも遅い結果になり得る場合もあります。

こんなときに必要なのが、用途に合わせて頻度や速度を調節する「スロットリング」で、サーバが処理できる程度に調節／制御を行います。

まずはシーケンシャルな例（**リスト6.12**）を見てみましょう。

注6.1　https://github.com/kevchn/go-concurrency-patterns
注6.2　物理メモリが不足している状況でページの書き換えが頻繁に起きることでシステムの動作が極端に遅くなること。

リスト6.12 WebサーバからJSONをダウンロードする処理(シーケンシャル)

```
package main

import (
    "fmt"
    "time"
)

func downloadJSON(u string) {
    // download JSON
    println(u)
    time.Sleep(time.Second * 6)
}

func main() {
    before := time.Now()
    for i := 1; i <= 100; i++ {
        u := fmt.Sprintf("http://example.com/api/users?id=%d", i)
        downloadJSON(u)
    }

    fmt.Printf("%v\n", time.Since(before))
}
```

これは終了までに600秒かかります。次に、goroutineを生成して並列にします(**リスト6.13**)。

リスト6.13 WebサーバからJSONをダウンロードする処理(並列)

```
package main

import (
    "fmt"
    "sync"
    "time"
)

func downloadJSON(u string) {
    // download JSON
    println(u)
    time.Sleep(time.Second * 6)
}

func main() {
    before := time.Now()

    var wg sync.WaitGroup
    for i := 1; i <= 100; i++ {
        wg.Add(1)
```

```
        i := i
        go func() {
            defer wg.Done()

            u := fmt.Sprintf("http://example.com/api/users?id=%d", i)
            downloadJSON(u)
        }()
    }
    wg.Wait()

    fmt.Printf("%v\n", time.Since(before))
}
```

100個のgoroutineがいっきに生成されるので、計算上は6秒で終了します。しかし、スロットリングされていないので、サーバに100個のリクエストが送信されてしまいます。そこでgoroutineの生成を20個に制限します。バッファ付きのchanが、バッファを超える要素を送信しようとしたときにブロックする特性を利用します(**リスト6.14**)。

リスト6.14 WebサーバからJSONをダウンロードする処理(スロットリング)

```
package main

import (
    "fmt"
    "sync"
    "time"
)

func downloadJSON(u string) {
    // download JSON
    println(u)
    time.Sleep(time.Second * 6)
}

func main() {
    before := time.Now()

    limit := make(chan struct{}, 20)
    var wg sync.WaitGroup
    for i := 1; i <= 100; i++ {
        wg.Add(1)

        i := i
        go func() {
            // limit が20よりも多いとブロックする
            limit <- struct{}{} // ←★
            defer wg.Done()
```

```
            u := fmt.Sprintf("http://example.com/api/users?id=%d", i)
            downloadJSON(u)
            <-limit // limit から抜き出す
        }()
    }
    wg.Wait()

    fmt.Printf("%v\n", time.Since(before))
}
```

これにより、Webサーバには同時に20個しかリクエストが送信されないようになります。処理時間は、1回あたり6秒かかる100個のリクエストが20個ずつ処理されるので、計算上は30秒となります。

limitに追加している`struct{}`は空のstructを意味します(**リスト6.14★部分**)。サイズは0バイトのため、バッファ数が多くなったとしてもメモリを多く消費することはありません。

6.5 まとめ

goroutineとchannelを使い、速いプログラムを書くためのテクニックを紹介しました。Goの並列処理では、いろいろな文法や機能を覚える必要がなく、goroutineとchannelだけでいろいろなパターンを実装できることを理解いただけたと思います。組み合わせしだいではこの他にも新しいパターンを実装できるでしょう。

第 7 章

テストにおけるテクニック

本章ではGoにおけるテストについて解説します。Goが推奨する「Table Driven Tests」を中心に、基本的な使い方、便利なテクニックを紹介します。また、Fuzzingテストの実現方法についても解説します。

7.1 テストの考え方

一般的に、ソフトウェアにおけるテストには大きく2つの意味があります。

- 品質を保証するため
- 安全に壊すため

品質を保証するとは、テストが通っていることを他者に明示することにより、そのライブラリの使用者や開発の依頼元に対して品質の良さをアピールすることです。

一方、安全に壊すためとは、一度書き上げたソースコードに対して変更を行う際に、テストがあることによって安心してコードに手を加えられることを指します。「壊す」というと聞こえが悪いのですが、これは悪いことではなく、リファクタリングをする際にエラーを出してくれることで、知らない間に仕様を壊すことなく、安全にリファクタリングできる効果があります。

7.2 Goのテストの基本

Goでテストを書くには、_test.goで終わるファイルのソースコードにテストコードを実装します。**リスト7.1**がテスト対象のコード、**リスト7.2**がテストコードです。

リスト7.1　テスト対象のコード

```
package hsd

func StringDistance(lhs, rhs string) int {
    return Distance([]rune(lhs), []rune(rhs))
}

func Distance(a, b []rune) int {
    dist := 0
    if len(a) != len(b) {
        return -1
    }
```

```
    for i := range a {
        if a[i] != b[i] {
            dist++
        }
    }
    return dist
}
```

リスト7.2 テストコード

```
package hsd

import (
    "testing"
)

func TestStringDistance(t *testing.T) {
    got := StringDistance("foo", "foh")
    want := 2
    if got != want {
        t.Fatalf("expected: %v, got %v:", want, got)
    }
}
```

※後述しますが、このテストは間違っています

Goのテストは関数名をTestから始め、引数に*testing.Tを持つ関数が実行されます。詳細はドキュメント[注7.1]を参照してください。

テストの結果が失敗したことを明示するには2種類の関数を使い分けます。

- t.Fatal/t.Fatalf
- t.Error/t.Errorf

t.Fatalとt.Fatalfはその時点でテストを中断します。またt.Errorとt.Errorfはエラーを明示したあともテストを続行します。いずれも、fmt.Printやfmt.Printfと使い方は同じです。エラーを示す際には、期待値と結果の両方を出すと良いでしょう。このケースでは、wantを期待していたがgotを得た、ということを示しています。

さて、このコードはとても簡単なテストです。2つの文字列間の距離[注7.2]を得るStringDistance関数へのテストで、文字列fooとfohの距離gotを得て、期待値wantと比較します。テストを実行してみましょう。

注7.1 https://pkg.go.dev/testing@go1.20.0

注7.2 https://ja.wikipedia.org/wiki/ハミング距離

```
$ go test
--- FAIL: TestStringDistance (0.00s)
    hsd_test.go:11: want 2, but 1:
FAIL
exit status 1
FAIL    github.com/mattn/go-hsd 0.294s
```

このテストではあえて間違った期待値「2」を書いてあるのでテストは失敗します。正しいテスト（**リスト7.3**）に修正して実行すると以下のようになります。

リスト7.3　リスト7.2を正しいテストに修正

```
package hsd

import (
    "testing"
)

func TestStringDistance(t *testing.T) {
    got := StringDistance("foo", "foh")
    want := 1
    if got != want {
        t.Fatalf("expected: %v, got %v:", want, got)
    }
}
```

```
=== RUN   TestStringDistance
--- PASS: TestStringDistance (0.00s)
PASS
ok      github.com/mattn/go-hsd 0.291s
```

テストをする際には、パッケージ名の指定に2つの方法があります。

- テスト対象と同じパッケージ名称でテストコードを書く
- テスト対象とは別のパッケージ名称でテストコードを書く

前者はパッケージ名称が同じですので、private関数もテストすることができます。一方、後者はあえて別名を付けることにより、privateな変数や関数にアクセスできないテストを書くことができるため、このパッケージの使用者と同じ実装をサンプルコードとして明示することができます。どちらを選んでもかまいませんが、前者でないとテストできないものがあることに注意してください。

Table Driven Tests

GoではTable Driven Testsを推奨しています(**リスト7.4**)。難しそうな名前が付いていますが、これは単純にテストケースをテーブルとしてまとめたものです。

リスト7.4 Table Driven Testsの実装例

```
package hsd

import (
    "reflect"
    "testing"
)

func TestStringDistance(t *testing.T) {
    tests := []struct {
        name string
        lhs  string
        rhs  string
        want int
    }{
        {name: "lhs is longer than rhs", lhs: "foo", rhs: "fo", want: -1},
        {name: "rhs is shorter than rhs", lhs: "fo", rhs: "foo", want: -1},
        {name: "No diff", lhs: "foo", rhs: "foo", want: 0},
        {name: "1 diff", lhs: "foo", rhs: "foh", want: 1},
        {name: "2 diffs", lhs: "foo", rhs: "fhh", want: 2},
        {name: "3 diffs", lhs: "foo", rhs: "hhh", want: 3},
        {name: "multibyte", lhs: "あいう", rhs: "あいえ", want: 1},
    }

    for _, tc := range tests {
        got := StringDistance(tc.lhs, tc.rhs)
        if !reflect.DeepEqual(tc.want, got) {
            t.Fatalf("%s: expected: %v, got: %v", tc.name, tc.want, got)
        }
    }
}
```

このように、テーブルで入力条件と期待値をまとめておくことでテストの抜けを見つけやすくなり、テストを追加するのも簡単になります。また網羅性も良くなります。

テーブルに持たせる項目はおおよそ以下になります。

- テストの名前(name)
- 入力(この場合はlhsやrhs)
- 期待値(want)

とくにテスト名(name)は重要です。テーブルが多くなると、どのテストで失敗したかわからなくなります。

もちろん、すべてのコードがTable Driven Testsでテストできるわけではありません。境界値チェックやバリエーションチェックが必要な関数に向いています。

このようにテストをしっかりと書いておくことで、以降リファクタリングを行った際に、その変更が間違ったものであることに一早く気づくことができます。このことが「安全に壊す」なのです。

Table Driven Testsに関してはDeve Cheney氏のブログ記事[注7.3]が参考になります。なおリファクタリングをする前には必ず、git commitしておきましょう。

t.Skip/t.Skipf

テストによっては特定のOSでは実施できないものもあります。そういった場合にはt.Skipまたはt.Skipfを使うことができます。

```
func TestReadData(t *testing.T) {
    if runtime.GOOS != "windows" {
        t.Skipf("skipping on %v", runtime.GOOS)
    }

    // テストコード
}
```

このテストをLinuxで実行すると、以下のようにスキップされたことが表示され、テストが続行していることがわかります。

```
=== RUN   TestSimple
--- PASS: TestSimple (0.00s)
=== RUN   TestReadData
    foo_test.go:19: skipping on linux
--- SKIP: TestReadData (0.00s)
PASS
ok      foo     0.291s
```

setup/teardown

テストを行う際に、前処理と後処理を書きたい場合があります。これを行うにはTestMainを実装します(**リスト7.5**)。

注7.3 https://dave.cheney.net/2019/05/07/prefer-table-driven-tests

リスト7.5　テストの前処理と後処理

```
package main

import (
    "log"
    "os"
    "testing"
)

func TestMain(m *testing.M) {
    log.Println("Before")
    ret := m.Run()
    log.Println("After")
    os.Exit(ret)
}

func TestA(t *testing.T) {
    log.Println("TestA running")
}

func TestB(t *testing.T) {
    log.Println("TestB running")
}
```

このテストを実行すると以下のようにテストが実行されます。

```
$ go test
2022/12/25 19:06:50 Before
2022/12/25 19:06:50 TestA running
2022/12/25 19:06:50 TestB running
PASS
2022/12/25 19:06:50 After
ok      go-book/testmain        0.437s
```

TestMainは*testing.Mを引数に取る必要があります。前処理と後処理の最中にエラーが発生した場合には、os.Exitで異常終了したことを伝える必要があります。終了コード「0」以外で終了する際にはlog.Fatalを使うと便利です。

```
func TestMain(m *testing.M) {
    if err := setup(); err != nil {
        log.Fatal("failed to setup:", err)
    }

    ret := m.Run()

    if err := teardown(); err != nil {
        log.Fatal("failed to teardown:", err)
```

```
    }
    os.Exit(ret)
}
```

t.Short

テストをたくさん実装していると、テストの中にも簡易なテストと詳細なテストといった区別が出てきます。詳細なテストをすべて実行すると物凄く時間がかかります。Goでは簡易なテストのみを実行するためのオプションが用意されています。

```
$ go test -short
```

-shortを付けて実行した場合には`testing.Short()`がtrueを返します。各テストで-shortのときにはスキップしたい場合には、以下のように`t.SkipNow()`を呼び出します。

```
func TestA(t *testing.T) {
    if testing.Short() {
        t.SkipNow()
    }
    log.Println("TestA running")
}
```

リスト7.5のTestAを上記で書き換えて再度実行すると、以下のようにTestAがスキップされます。

```
$ go test -short
2022/12/25 19:28:39 Before
2022/12/25 19:28:39 TestB running
PASS
2022/12/25 19:28:39 After
ok      go-book/testmain        0.380s
```

t.Parallel

たとえば**リスト7.6**の関数があったとします。

リスト7.6　重い処理を行う関数

```
package calc

import "time"
```

```
func Add(a, b int) int {
    // 物凄く重たい足し算
    result := a + b

    time.Sleep(3 * time.Second) // 重たい処理
    return result
}
```

これをテストする**リスト7.7**のテストコードを用意します。

リスト7.7　リスト7.6に対するテストコード

```
package calc

import (
    "testing"
)

func TestAdd(t *testing.T) {
    tests := []struct {
        name string
        lhs  int
        rhs  int
        want int
    }{
        {name: "test1", lhs: 0, rhs: 1, want: 1},
        {name: "test2", lhs: 1, rhs: -1, want: 0},
        {name: "test3", lhs: 2, rhs: 1, want: 3},
    }

    for _, test := range tests {
        got := Add(test.lhs, test.rhs)
        if got != test.want {
            t.Errorf("%v: want %v, but %v:", test.name, test.want, got)
        }
    }
}
```

実行してみましょう。

```
$ go test -v # vオプションは詳細表示
=== RUN   TestAdd
--- PASS: TestAdd (9.02s)
PASS
ok      calc    9.356s
```

詳細は省きますが、とにかく遅い関数Addのテストを3つ書いたら合計で9秒かかってしまいました。テストを追加するたびに遅くなるのではたまりません。そこで使えるのがt.Parallelです（**リスト7.8**）。

リスト7.8　リスト7.6に対するテストコード（t.Parallelを利用）

```
func TestAdd(t *testing.T) {
    tests := []struct {
        name string
        lhs  int
        rhs  int
        want int
    }{
        {name: "test1", lhs: 0, rhs: 1, want: 1},
        {name: "test2", lhs: 1, rhs: -1, want: 0},
        {name: "test3", lhs: 2, rhs: 1, want: 3},
    }

    for _, test := range tests {
        test := test
        t.Run(test.name, func(t *testing.T) {
            t.Parallel()
            got := Add(test.lhs, test.rhs)
            if got != test.want {
                t.Errorf("%v: want %v, but %v:", test.name, test.want, got)
            }
        })
    }
}
```

このように実行することで、テストが並行して実行されるようになります。

```
=== RUN   TestAdd
=== RUN   TestAdd/test1
=== PAUSE TestAdd/test1
=== RUN   TestAdd/test2
=== PAUSE TestAdd/test2
=== RUN   TestAdd/test3
=== PAUSE TestAdd/test3
=== CONT  TestAdd/test1
=== CONT  TestAdd/test3
=== CONT  TestAdd/test2
--- PASS: TestAdd (0.00s)
    --- PASS: TestAdd/test2 (3.01s)
    --- PASS: TestAdd/test3 (3.01s)
    --- PASS: TestAdd/test1 (3.01s)
PASS
ok      calc    3.359s
```

並行でテストが実行されたので3秒で終わるようになりました。とても便利ですが、2つ注意しないといけないことがあります。

最初の注意点としては「Table Driven Tests」節で述べたとおり、必ずテストにユニークな名前を付けることです。並行で実行するのですから順序どおりには起動しません。また順序どおりに終了することもありません。どれが2つめのテストになるのかなどもわかりません。雑な名前でも良いので、見ただけでどのテストかわかるものを付けておきましょう。

もう1つの注意点は、Table Driven Testsを並行で実行する際にはループの中でtest変数を束縛することです。

```
for _, test := range tests {
    test := test // ← ★
    t.Run(test.name, func(t *testing.T) {
        t.Parallel()
        got := Add(test.lhs, test.rhs)
        if got != test.want {
            t.Errorf("%v: want %v, but %v:", test.name, test.want, got)
        }
    })
}
```

★部分の処理を入れないと、タイミングによってはすべてのテストがtestsに含まれる最後の項目を参照してしまいます。

テストデータ

テストをする際に、外部のファイルを使うことがあります。このような場合にはtestdataというディレクトリにテストデータを置くことが多いです。Goから提供されるいろいろなツールでは、このtestdataというディレクトリを無視するようになっています。

同じようにGoのツールは**.**や_で始まるファイルやディレクトリも無視するようになっています。

実際にテストデータをtestdataディレクトリに置いてテストを実施するには、filepath.Globを使うのが便利です(**リスト7.9**)。

リスト7.9　filepath.Globの使用例

```
import (
    "io/ioutil"
    "path/filepath"
    "testing"

    "github.com/google/go-cmp/cmp"
```

```
)

func TestDoSomething(t *testing.T) {
    fns, err := filepath.Glob("testdata/*.dat")
    if err != nil {
        t.Fatal(err)
    }

    for _, fn := range fns {
        t.Log(fn)
        // 入力データを読む
        b, err := ioutil.ReadFile(fn)
        if err != nil {
            t.Fatal(err)
        }
        // 関数呼び出し
        got := doSomething(string(b))

        // .datを.outに入れ替えて結果データを読み込む
        b, err = ioutil.ReadFile(fn[:len(fn)-4] + "out")
        if err != nil {
            t.Fatal(err)
        }
        want := string(b)

        if diff := cmp.Diff(want, got); diff != "" {
            t.Errorf(diff)
        }
    }
}
```

Goに標準で用意されている方法でwantとgotを比較しても良いのですが、何がどう違っていたのかが理解しづらい場合もあります。そこでこの例では比較にgoogle/go-cmpを使いました。go-cmpを使うと比較が行えるだけでなく、比較した結果がdiff形式で得られます。このテストを実行すると、以下のようにdiff形式でエラーが表示されます。

```
  {
-   "value": 20
+   "value": 21
  }
```

カバレッジ

テストの進捗を示す指標としてカバレッジがあります。テストを実行した際に、テスト対象の本体プログラムが、テストによりどれくらいパスしたかを網羅率という数値で表します。これにより、どこをまだテストしていないのかを簡単に知ることができます。

注意しなければならないのは、これはあくまでテストの進捗を示す値であり、本体プログラムの品質を表すものではないということです。ゆえに、カバレッジが高ければ品質も高いとは言えないことに注意してください。

Goのテストスイートにはテストカバレッジを得るしくみがあります。まずは簡単にテストのカバレッジ率を得てみます。

```
$ go test -v -cover
=== RUN   TestDistance
--- PASS: TestDistance (0.00s)
PASS
        github.com/mattn/go-jsd coverage: 95.3% of statements
ok      github.com/mattn/go-jsd 0.332s
```

このテストは95.3%の網羅率であることが分かります。どこがまだテストを実施されていないのかを知るには、coverプロファイルというファイルを生成する必要があります。

```
$ go test -v -cover -coverprofile=cover.out
```

このコマンドを実行するとテストが実行され、カレントディレクトリにcover.outというファイルが生成されます。

```
mode: set
github.com/mattn/go-jsd/jsd.go:3.46,5.2 1 1
github.com/mattn/go-jsd/jsd.go:7.26,8.13 1 1
github.com/mattn/go-jsd/jsd.go:8.13,10.3 1 1
github.com/mattn/go-jsd/jsd.go:11.2,11.11 1 1
github.com/mattn/go-jsd/jsd.go:14.26,15.13 1 1
github.com/mattn/go-jsd/jsd.go:15.13,17.3 1 1
github.com/mattn/go-jsd/jsd.go:18.2,18.11 1 1
github.com/mattn/go-jsd/jsd.go:21.35,22.32 1 1
github.com/mattn/go-jsd/jsd.go:22.32,23.23 1 1
(..略..)
```

各行を何回パスしたかといった情報が格納されています。これだけでは見づらいですね。このcoverプロファイルを可視化できるツールが用意されています。

```
$ go tool cover -html=cover.out -o cover.html
```

このコマンドを実行するとcover.outを解析してcover.htmlというファイルが生成されます。ブラウザで開くと**図7.1**のような画面が表示されます。

図7.1　coverプロファイルの可視化

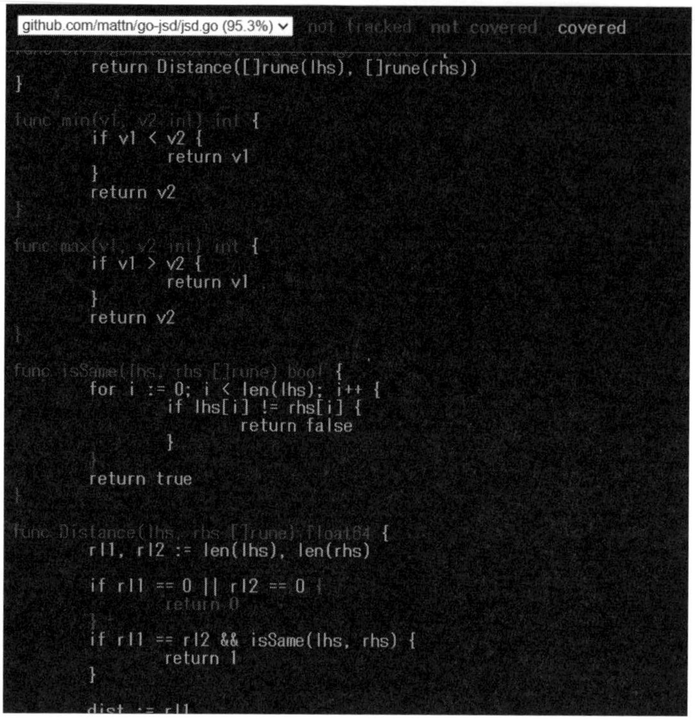

```
github.com/mattn/go-jsd/jsd.go (95.3%)  not tracked  not covered  covered
        return Distance([]rune(lhs), []rune(rhs))
}

func min(v1, v2 int) int {
        if v1 < v2 {
                return v1
        }
        return v2
}

func max(v1, v2 int) int {
        if v1 > v2 {
                return v1
        }
        return v2
}

func isSame(lhs, rhs []rune) bool {
        for i := 0; i < len(lhs); i++ {
                if lhs[i] != rhs[i] {
                        return false
                }
        }
        return true
}

func Distance(lhs, rhs []rune) float64 {
        rl1, rl2 := len(lhs), len(rhs)

        if rl1 == 0 || rl2 == 0 {
                return 0
        }
        if rl1 == rl2 && isSame(lhs, rhs) {
                return 1
        }

        dist := rl1
```

白黒の紙面ではわかりにくいですが、緑で表示されている行がパスしたコード、赤で表示されている行がパスしていないコードです。この表示を見ると、以下の部分がパスしていないことが分かります。

```
func Distance(lhs, rhs []rune) float64 {
    rl1, rl2 := len(lhs), len(rhs)

    if rl1 == 0 || rl2 == 0 {
        return 0 // ← ★
    }
    if rl1 == rl2 && isSame(lhs, rhs) {
        return 1
    }
```

これは、引数であるlhsとrhsの、どちらかが空の場合を表すコードです。★の箇所が実行されるテストが用意されていないということです。テストコードを見ると確かに、空文字列のテストが欠けているのがわかります。

```
func TestDistance(t *testing.T) {
    var tests = []struct {
        name string
        lhs  string
        rhs  string
        want float64
    }{
        {"test001", "こんにちわ世界", "こんにちわ世界", 1},
        {"test002", "こんにちわ世界", "こにゃちわ世界", 0.876},
        {"test003", "こんにちわ世界", "こにゃにゃちわ世界", 0.813},
        {"test004", "こんにちわ世界", "こんばんわ世界", 0.742},
        {"test005", "こんにちわ世界", "こんにちわ", 0.838},
        {"test006", "こんにちわ世界", "こんばんわ", 0.453},
    }
```

以下のテストを足して再度テストしてみます。

```
{"test007", "こんにちわ世界", "", 0},
```

```
$ go test -v -cover
=== RUN   TestDistance
--- PASS: TestDistance (0.00s)
PASS
        github.com/mattn/go-jsd coverage: 100.0% of statements
ok      github.com/mattn/go-jsd 0.360s
```

テストカバレッジが100%になりました。このように、Goのテストスイートにはテストカバレッジをサポートするためのツールが充実しています。

CodeCov[注7.4]というWebサービスを使用すると、このカバレッジを取得してWeb上できれいに表示してくれます(**図7.2**)。

図7.2　CodeCovの表示例

```
// See http://www.unicode.org/reports/tr11/
func (c *Condition) RuneWidth(r rune) int {
        if r < 0 || r > 0x10FFFF {
                return 0
        }
        if len(c.combinedLut) > 0 {
                return int(c.combinedLut[r>>1]>>(uint(r&1)*4)) & 3
        }
        // optimized version, verified by TestRuneWidthChecksums()
```

注7.4　https://about.codecov.io/

さらにCodeCovではバッジも提供されており、GitHubのREADME.mdに、CodeCovから発行される以下のような記述を加えるだけで、見栄えよくカバレッジ率を確認することができます（図7.3）。

```
[![Codecov](https://codecov.io/gh/mattn/go-runewidth/branch/master/graph/badge.svg)]
(https://codecov.io/gh/mattn/go-runewidth)
```

図7.3　CodeCovが提供するバッジ

使い勝手が良いので筆者もよく使います。

なおcover.outにはテストコード以外のコードが含まれています。つまり、モックのコードも含まれてしまいます。`go tool cover`を実行する前に、grepなどを使って事前に取り除いておくと良いでしょう。

```
$ go test -v -cover -coverprofile cover.tmp
$ grep -v _mock.go cover.tmp > cover.out
$ go tool cover -html=cover.out -o cover.html
```

7.3 便利なテクニック

testingパッケージにはテストコードを書く際に便利な関数がたくさん用意されています。以下では筆者がとくに便利だと思うものを紹介します。

テンポラリディレクトリ

テストでは一時的に作業ディレクトリが必要な場合もあります。そういった場合は、テストコードの中でディレクトリを作ってdeferで消すのも良いですが、testingパッケージにはすでにそれが用意されています（リスト7.10）。

リスト7.10　t.TempDir()の使用例

```
package profile_test

import (
	"path/filepath"
	"testing"
)

func TestCreateProfile(t *testing.T) {
	dir := t.TempDir()
	filename := filepath.Join(dir, "profile.json")
	got, err := CreateProfile(filename)
	if err != nil {
		t.Fatal(err)
	}
	want := true
	if got != want {
		t.Fatalf("want %v, but %v:", want, got)
	}
}
```

このt.TempDir()は何度も呼び出すことができます。またTestCreateProfileが終了すると自動でテンポラリディレクトリが削除されます。とても便利ですので積極的に使うべきです。

環境変数

Go 1.17からt.Setenv()が使えるようになっています。これは環境変数に依存した処理をテストする際に便利です（リスト7.11）。

リスト7.11　t.Setenv()の使用例

```
package cmd_test

import (
	"os/exec"
	"path/filepath"
	"testing"
)

func TestCreateProfile(t *testing.T) {
	t.Setenv("DATABASE_URL")
	err := doSomething()
	if err != nil {
		t.Fatalf("cannot do something: %v", err)
	}
}
```

t.TempDir()と同様に、テスト関数の終了とともに環境変数が元に戻されます。

7.4 Fuzzingテスト

GoにはFuzzingテストのためのツールが用意されています。Fuzzingテストとは、開発者が準備したテストの入力データではなく、開発者が予期しないであろうランダムで無効なデータを用いてテストする手法です。

たとえば、「intのスライスを引数に受け取るがスライスの長さを3のときしか期待していない関数」は、スライスの長さが2のときにはpanicが発生してしまいます。また、カンマセパレートされた文字列を受け取る関数に、1つもカンマが含まれていない文字列を渡した場合にどのような動作になるかは、テストを書いてみないと検証できません。

本体プログラムでは当然考慮済みだと思ってテストを実装していると、そういった例外的な入力値のテストの実装が漏れることもあります。Fuzzingテストはこのような想定外の入力を与えることで、リリース後に起き得る未知のバグを未然に防ぐ目的で使われます。

Fuzzingテストの実装は簡単です（リスト7.12）。

リスト7.12　Fuzzingテストの例

```
package something_test

import (
    "testing"
)

func FuzzDoSomething(f *testing.F) {
    f.Add("test&&&")
    f.Fuzz(func(f *testing.T, s string) {
        doSomething(s)
    })
}
```

Fuzzingテストの関数名はFuzzという接頭語を持ちます。また通常のテストではtesting.T、ベンチマークではtesting.Bのポインタを引数に取りますが、Fuzzingテストではtesting.Fのポインタを受け取ります。

以下を実行するとテストが開始されます。

```
$ go test -fuzz FuzzDoSomething
```

このまま実行すると、Fuzzingテストはバグが見つかってクラッシュするまで終了しません。-fuzztimeを指定して終了時間を指定します。

```
$ go test -fuzz FuzzDoSomething -fuzztime 10s
```

この指定では10秒経過するとテストが終了します。

f.AddはFuzzingテストに与えるコーパス（つまりパターン集のシード）です。これを与えることにより、どのような数値や文字列でFuzz関数が呼び出されるかが決定されます。実際にはテストのカバレッジが通るであろう値を入れておくと、その近辺の値を使って呼び出してくれるようになっています。

Fuzz関数に渡す関数の引数（第2引数以降）には、以下の型を指定できます。

```
string, []byte
int, int8, int16, int32/rune, int64
uint, uint8/byte, uint16, uint32, uint64
float32, float64
bool
```

複数の引数を取る関数に対しては、以下のようにAddとFuzzで受け取る引数をそれぞれ指定します。

```
func FuzzDoSomething(f *testing.F) {
    f.Add(3, "test&&&")
    f.Fuzz(func(f *testing.T, i int, s string) {
        doSomething(i, s)
    })
}
```

Fuzzingテストではtestdataディレクトリにテストで使用したパターンが格納されています。テストを実行してクラッシュが起きた場合には、その内容を確認してプログラムを修正することができます。

```
$ go test -fuzz FuzzDoSomething -fuzztime 10s
5 test
fuzz: elapsed: 0s, gathering baseline coverage: 0/7 completed
fuzz: elapsed: 0s, gathering baseline coverage: 7/7 completed, now fuzzing with 8
 workers
fuzz: minimizing 31-byte failing input file
fuzz: elapsed: 0s, minimizing
--- FAIL: FuzzDoSomething (0.26s)
```

```
    --- FAIL: FuzzDoSomething (0.00s)
        main_test.go:17:
        testing.go:1485: panic: runtime error: index out of range [1] with length 1
            goroutine 226 [running]:
            runtime/debug.Stack()
                /home/mattn/dev/go/src/runtime/debug/stack.go:24 +0x9e
            testing.tRunner.func1()
                /home/mattn/dev/go/src/testing/testing.go:1485 +0x1f6
            panic({0x1024000, 0xc000116048})
                /home/mattn/dev/go/src/runtime/panic.go:884 +0x213
            github.com/mattn/go-fuzz-example_test.doSomething(...)
                /home/mattn/go/src/github.com/mattn/go-fuzz-testing-example/main_
test.go:8
            github.com/mattn/go-fuzz-example_test.FuzzDoSomething.func1(0xc0001a0000,
{0x1170598, 0x1})
                /home/mattn/go/src/github.com/mattn/go-fuzz-testing-example/main_test
.go:18 +0x9d
            reflect.Value.call({0x1002580?, 0x10442e8?, 0xe6ea96?}, {0x1033938, 0x4},
{0xc00019a060, 0x2, 0x2?})
                /home/mattn/dev/go/src/reflect/value.go:586 +0xb07
            reflect.Value.Call({0x1002580?, 0x10442e8?, 0x1149d00?}, {0xc00019a060?,
 0x1032f20?, 0xc000112040?})
                /home/mattn/dev/go/src/reflect/value.go:370 +0xbc
            testing.(*F).Fuzz.func1.1(0x0?)
                /home/mattn/dev/go/src/testing/fuzz.go:335 +0x3f3
            testing.tRunner(0xc0001a0000, 0xc0001a2000)
                /home/mattn/dev/go/src/testing/testing.go:1576 +0x10b
            created by testing.(*F).Fuzz.func1
                /home/mattn/dev/go/src/testing/fuzz.go:322 +0x5b9


    Failing input written to testdata/fuzz/FuzzDoSomething/def578230616f8b9
    To re-run:
    go test -run=FuzzDoSomething/def578230616f8b9
FAIL
exit status 1
FAIL    github.com/mattn/go-fuzz-example        0.713s
```

以下の行に着目してください。

```
Failing input written to testdata/fuzz/FuzzDoSomething/def578230616f8b9
```

これはテストで試したコーパスが記載されているファイル名です。内容は以下のとおりです。

```
go test fuzz v1
string("\xff")
```

スタックトレースの中身からdoSomethingに問題があることが分かります。修正し、同じコーパスを使って再度テストを実行します。

```
$ go test -run=FuzzDoSomething/def578230616f8b9
PASS
ok      github.com/mattn/go-fuzz-example        0.332s
```

うまく修正できたことが確認できました。必要に応じてこのパターンを個別のテストに起こしておくと良いでしょう。

```
func TestDoSomethingWithFF(t *testing.T) {
    doSomething("\xff")
}
```

また-fuzz FuzzDoSomethingを付けて実行して他に問題がないかも確認しておきます。

```
$ go test -fuzz FuzzDoSomething -fuzztime 10s
5 test
fuzz: elapsed: 0s, gathering baseline coverage: 0/4 completed
fuzz: elapsed: 0s, gathering baseline coverage: 4/4 completed, now fuzzing with 8 workers
fuzz: elapsed: 3s, execs: 357375 (118780/sec), new interesting: 3 (total: 7)
fuzz: elapsed: 6s, execs: 750183 (131113/sec), new interesting: 3 (total: 7)
fuzz: elapsed: 9s, execs: 1117395 (122327/sec), new interesting: 4 (total: 8)
fuzz: elapsed: 11s, execs: 1243338 (81424/sec), new interesting: 4 (total: 8)
PASS
ok      github.com/mattn/go-fuzz-example        10.878s
```

このようにGoのFuzzingテストは問題検出の改善のイテレーションを繰り返すことができるようになっています。

7.5 まとめ

Goによるテストの方法と、便利なテクニック、Fuzzingテストについて解説しました。テストは1回限りではなく繰り返し行うことが重要です。新しい機能を足した際にテストも足しておくことを習慣づけることで、リファクタリングの際に安心してソースコードを壊すことができるようになります。

第 8 章

ベンチマークにおけるテクニック

Goのテストスイートにはベンチマークを実装するしくみが用意されています。世の中には数多くのプログラミング言語が存在しますが、言語標準でテストスイートだけでなくベンチマークスイートも用意しているプログラミング言語はあまりないと思われます。本章ではGoでベンチマークを実施する方法を解説します。

8.1 「推測するな、計測せよ」

本節名となっているこの言葉は、Goの生みの親の1人であるRob Pike氏によるものです。パフォーマンスを改善する前には計測が必要です。あるボトルネックを改善して速くなったと思っていたら、実は修正により別の箇所を遅くしてしまっていた、なんてことは当たり前に起きます。改善前と改善後を何度も比較し続けることが、速度改善のコツです。計測し終えるまでは、スピードハックを入れるべきではありません。

8.2 ベンチマークの基本

Goのベンチマークは`go test`と似たしくみになっています。以下のsomethingパッケージのDoSomething関数を計測したいとします。

```
package something

func DoSomething() {
    // 処理
}
```

ソースコードがsomething.goである場合、以下のsomething_test.go（**リスト8.1**）を用意します（ファイル名のプレフィックスを合わせる必要はありませんが、そろっていたほうが便利です）。

リスト8.1　something.goのベンチマークを取るコード（something_test.go）

```
package something

import (
    "testing"
)

func BenchmarkDoSomething(b *testing.B) {
    for i := 0; i < b.N; i++ {
        DoSomething()
```

```
    }
}
```

シェルから以下を実行します。

```
$ go test -bench DoSomething
goos: windows
goarch: amd64
pkg: go-something
cpu: AMD Ryzen 5 3500U with Radeon Vega Mobile Gfx
BenchmarkDoSomething-8                  5         202697980 ns/op
PASS
ok      go-something    2.395s
```

この結果の意味は、左のBenchmarkDoSomething-8が実行したベンチマーク、真ん中の5が試行回数、右が1オペレーションあたりにかかった時間です。試行回数は5に決まっているわけではなく、一定時間内に実行された回数になります。

なお、`-bench DoSomething`はベンチマーク名を指定するためのフラグで、BenchmarkXXXの「XXX」部分を指定するための正規表現パターンです。すべてのベンチマークを実行するのであれば以下で良いでしょう。

```
$ go test -bench .
```

Goのベンチマークで計測できるのは処理時間だけではありません。メモリアロケーション量も計測できます。そのためには以下のコマンドを実行します。

```
$ go test -benchmem -bench DoSomething
goos: windows
goarch: amd64
pkg: go-book/bench
cpu: AMD Ryzen 5 3500U with Radeon Vega Mobile Gfx
BenchmarkDoSomething-8                 10         110964020 ns/op             240 B/op
       2 allocs/op
PASS
ok      go-something    2.395s
```

-benchmemを付けることで一処理あたりのメモリアロケーション数が得られます。B/opは1回のオペレーションで何バイトのメモリ確保が実行されたかを、allocs/opは1回のオペレーションで何回メモリ確保が実行されたかを示しています。

8.3 ベンチマークの比較

ここからはベンチマークの比較方法について紹介します。ある実装の改善前と改善後、そして似た処理の違う実装同士を比較します。

改善の前と後の比較

ベンチマークはそのあとに行うパフォーマンスの改善に役立ちます。パフォーマンス改善は単純な作業ではありません。思いつく施策を幾度も試すことで、改善前よりも悪くなってしまうこともあります。そうした改善の中、都度ベンチマークを得て本当に改善しているのかを確認するのが重要です。

例として**リスト8.2**の関数のベンチマークを取ってみます。

リスト8.2 メモリアロケーションの効率が悪い例

```
package something

import "fmt"

func makeSomething(n int) []string {
    var r []string
    for i := 0; i < n; i++ {
        r = append(r, fmt.Sprintf("%05d 何か", i))
    }
    return r
}
```

指定した個数ぶん「00000 何か」というスライスを作成して返すだけの関数です。このソースコードはスライスを都度appendしているため、メモリアロケーションの効率が悪い例としてよく紹介されます。**リスト8.3**のベンチマークコードを実装して計測します。

リスト8.3 リスト8.2のベンチマークコード

```
package something

import "testing"

func BenchmarkMakeSomething(b *testing.B) {
    b.ResetTimer()
```

```
    for i := 0; i < b.N; i++ {
        _ = makeSomething(1000)
    }
}
```

ベンチマークを計測する際には、ベンチマークを得るたびに発生する「揺らぎ」を考慮する必要があります。実行回数が少な過ぎると揺れが大きくなり過ぎてしまい、ベンチマークを取る意味がなくなってしまいます。-countで回数を指定します。

```
$ go test -count 5 -benchmem -bench . 2>&1 | tee old.log
goos: windows
goarch: amd64
pkg: something
cpu: AMD Ryzen 5 3500U with Radeon Vega Mobile Gfx
BenchmarkMakeSomething-8        1850    607431 ns/op   72394 B/op    1756 allocs/op
BenchmarkMakeSomething-8        1738    660158 ns/op   72393 B/op    1756 allocs/op
BenchmarkMakeSomething-8        1952    561859 ns/op   72393 B/op    1756 allocs/op
BenchmarkMakeSomething-8        2856    588303 ns/op   72392 B/op    1756 allocs/op
BenchmarkMakeSomething-8        2790    474223 ns/op   72391 B/op    1756 allocs/op
PASS
ok      something   8.569s
```

リスト8.2のmakeSomethingを**リスト8.4**のように修正します。

リスト8.4　リスト8.2を改善

```
func makeSomething(n int) []string {
    r := make([]string, n, n)
    for i := 0; i < n; i++ {
        r[i] = fmt.Sprintf("%05d 何か", i)
    }
    return r
}
```

あらかじめ必要な長さのスライスを用意して代入するソースコードです。スライスが都度、伸長しないので効率が良くなりました。再度ベンチマークを取ります。

```
$ go test -count 5 -benchmem -bench . 2>&1 | tee new.log
goos: windows
goarch: amd64
pkg: something
cpu: AMD Ryzen 5 3500U with Radeon Vega Mobile Gfx
BenchmarkMakeSomething-8        4466    332226 ns/op   38348 B/op    1745 allocs/op
BenchmarkMakeSomething-8        3870    301325 ns/op   38348 B/op    1745 allocs/op
BenchmarkMakeSomething-8        4615    306950 ns/op   38349 B/op    1745 allocs/op
```

```
BenchmarkMakeSomething-8        4444     353816 ns/op    38348 B/op     1745 allocs/op
BenchmarkMakeSomething-8        4615     286599 ns/op    38347 B/op     1745 allocs/op
PASS
ok      something   9.096s
```

1opあたりのメモリ使用量が半分程度であることが分かります。また1opあたりの実行速度も少ないことが分かります。2つのベンチマークをbefore/afterとして比較するためにbenchstatをインストールします。

```
$ go install golang.org/x/perf/cmd/benchstat@latest
```

old.logとnew.logを指定します。

```
$ benchstat old.log new.log
name             old time/op    new time/op    delta
MakeSomething-8     578µs ±18%     316µs ±12%  -45.33%  (p=0.008 n=5+5)

name             old alloc/op   new alloc/op   delta
MakeSomething-8    72.4kB ± 0%    38.3kB ± 0%  -47.03%  (p=0.008 n=5+5)

name             old allocs/op  new allocs/op  delta
MakeSomething-8     1.76k ± 0%     1.75k ± 0%   -0.63%  (p=0.008 n=5+5)
```

1opあたりの実行時間が-45.33%、メモリアロケーションサイズが-47.03%、メモリアロケーション回数が-0.63%になりました。なお、改修の前後でベンチマークを比較するには、前後で同じ条件でなければなりません。

異なる実装の比較

ベンチマークを得るモチベーションのもう1つは、同じ目的のために用意された異なる実装方式を比較することです。例として、Goで有名なデータフレームを3種類使ってベンチマークを比較してみます。比較するデータフレームライブラリは以下のとおりです。

- github.com/go-gota/gota
- github.com/rocketlaunchr/dataframe-go
- github.com/tobgu/qframe

また比較の条件は以下のとおりです。

- iris.csvをインポートすること
- 出力する列をsepal_lengthとspeciesに絞ること
- CSVデータを（メモリへ）エクスポートすること

ベンチマークを取るコードは**リスト8.5**のとおりです。

リスト8.5　3つのデータフレームのベンチマークコード

```
package df_test

import (
    "bytes"
    "context"
    "io/ioutil"
    "testing"

    "github.com/go-gota/gota/dataframe"
    "github.com/rocketlaunchr/dataframe-go/exports"
    "github.com/rocketlaunchr/dataframe-go/imports"
    "github.com/tobgu/qframe"
)

func BenchmarkQFrame(b *testing.B) {
    bs, err := ioutil.ReadFile("iris.csv")
    if err != nil {
        b.Fatal(err)
    }
    b.ReportAllocs()
    b.ResetTimer()
    for i := 0; i < b.N; i++ {
        var out bytes.Buffer
        qf := qframe.ReadCSV(bytes.NewReader(bs))
        qf = qf.Select("sepal_length", "species")
        err = qf.ToCSV(&out)
        if err != nil {
            b.Fatal(err)
        }
    }
}

func BenchmarkGota(b *testing.B) {
    bs, err := ioutil.ReadFile("iris.csv")
    if err != nil {
        b.Fatal(err)
    }
    b.ReportAllocs()
    b.ResetTimer()
    for i := 0; i < b.N; i++ {
```

```
        var out bytes.Buffer
        df := dataframe.ReadCSV(bytes.NewReader(bs))
        df = df.Select([]string{"sepal_length", "species"})
        err = df.WriteCSV(&out, dataframe.WriteHeader(true))
        if err != nil {
            b.Fatal(err)
        }
    }
}

func BenchmarkDataframeGo(b *testing.B) {
    bs, err := ioutil.ReadFile("iris.csv")
    if err != nil {
        b.Fatal(err)
    }
    b.ReportAllocs()
    b.ResetTimer()
    for i := 0; i < b.N; i++ {
        var out bytes.Buffer
        df, err := imports.LoadFromCSV(context.Background(), bytes.NewReader(bs))
        if err != nil {
            b.Fatal(err)
        }
        df.RemoveSeries("sepal_width")
        df.RemoveSeries("petal_length")
        df.RemoveSeries("petal_width")
        err = exports.ExportToCSV(context.Background(), &out, df)
        if err != nil {
            b.Fatal(err)
        }
    }
}
```

同じ目的でも実装方法が異なるのがおもしろいですね。ベンチマークを取ってみます。

```
$ go test -bench .
goos: windows
goarch: amd64
pkg: github.com/mattn/df-benchmark
cpu: AMD Ryzen 5 3500U with Radeon Vega Mobile Gfx
BenchmarkQFrame-8                   6993            163275 ns/op           57488 B/op
        432 allocs/op
BenchmarkGota-8                     2498            449304 ns/op          158616 B/op
      3382 allocs/op
BenchmarkDataframeGo-8              2972            546916 ns/op          129734 B/op
      4582 allocs/op
PASS
ok      github.com/mattn/df-benchmark   4.319s
```

qframeが一番速く、メモリアロケーションの量も少ないことが分かります。当然ですが、ベンチマークを取る際には、各ライブラリがほぼ同じ目的で同じ実装をしていることを確認すべきです。

このように、ライブラリの選定をする際には、使い勝手の良さだけでなくベンチマークを取ってみてパフォーマンスの良いものを選ぶことも大事です。もちろん、長期的なメンテナンスがされるか否かも重要な要素になりますが。

Goはこういったベンチマークを簡単に得られるしくみを提供していることがおわかりいただけた思います。

8.4 プロファイリング

Goのテストスイートにはプロファイルを得るしくみも用意されています。**リスト8.6**の、とにかくメモリを確保する重たいプログラムのプロファイルを取得してみます。

リスト8.6　メモリを大量に確保する重たいプログラム

```
package main

import (
    "sync"
)

func heavyFunc(wg *sync.WaitGroup) {
    defer wg.Done()
    s := make([]string, 3)
    for i := 0; i < 1000000; i++ {
        s = append(s, "magical pandas")
    }
}

func main() {
    var wg sync.WaitGroup
    wg.Add(1)
    go heavyFunc(&wg)
    wg.Wait()
}
```

このプログラムは、長さの決まったスライスに文字列を追加し続ける処理です。**リスト8.7**のように変更します。

リスト8.7　リスト8.6を、プロファイリングを取るよう変更

```
package main

import (
	"flag"
	"log"
	"os"
	"runtime/pprof"
	"sync"
)

func heavyFunc(wg *sync.WaitGroup) {
	defer wg.Done()
	s := make([]string, 3)
	for i := 0; i < 1000000; i++ {
		s = append(s, "magical pandas")
	}
}

var cpuprofile = flag.String("cpuprofile", "", "write cpu profile to `file`")
var memprofile = flag.String("memprofile", "", "write memory profile to `file`")

func main() {
	flag.Parse()
	if *cpuprofile != "" {
		f, err := os.Create(*cpuprofile)  // (1)
		if err != nil {
			log.Fatal("could not create CPU profile: ", err)
		}
		defer f.Close()
		if err := pprof.StartCPUProfile(f); err != nil {
			log.Fatal("could not start CPU profile: ", err)
		}
		defer pprof.StopCPUProfile() // (2)
	}

	var wg sync.WaitGroup
	wg.Add(1)
	go heavyFunc(&wg)
	wg.Wait()

	if *memprofile != "" {
		f, err := os.Create(*memprofile) // (3)
		if err != nil {
			log.Fatal("could not create memory profile: ", err)
		}
		defer f.Close()
		//runtime.GC()
		if err := pprof.WriteHeapProfile(f); err != nil {
			log.Fatal("could not write memory profile: ", err)
```

```
        }
    }
}
```

処理本体の前にCPUプロファイルの開始（**リスト8.7 (1)**）とdeferによる停止の予約（**リスト8.7 (2)**）を、本体処理のあとにヒープのプロファイル出力（**リスト8.7 (3)**）を、それぞれ実行します。CPUプロファイルを得るには以下の手順でプログラムを起動します。

```
$ ./実行ファイル -cpuprofile cpu.prof
```

プログラムが終了すると、カレントディレクトリにcpu.profが生成されます。CPUプロファイル結果を参照するには以下のコマンドを実行します。

```
$ go tool pprof -top cpu.prof
File: heavy
Type: cpu
Time: Dec 5, 2022 at 2:21am (JST)
Duration: 216.37ms, Total samples = 100ms (46.22%)
Showing nodes accounting for 100ms, 100% of 100ms total
      flat  flat%   sum%        cum   cum%
      20ms 20.00% 20.00%       20ms 20.00%  runtime.heapBits.next (inline)
      20ms 20.00% 40.00%       30ms 30.00%  runtime.scanobject
      10ms 10.00% 50.00%       10ms 10.00%  runtime.(*wbBuf).putFast (inline)
      10ms 10.00% 60.00%       50ms 50.00%  runtime.bulkBarrierPreWriteSrcOnly
      10ms 10.00% 70.00%       10ms 10.00%  runtime.madvise
      10ms 10.00% 80.00%       10ms 10.00%  runtime.spanOf (inline)
      10ms 10.00% 90.00%       10ms 10.00%  runtime.wbBufFlush1
      10ms 10.00%   100%       10ms 10.00%  runtime/pprof.(*profileBuilder).appendLocs
ForStack
         0     0%   100%       70ms 70.00%  main.heavyFunc
         0     0%   100%       10ms 10.00%  main.main
         0     0%   100%       10ms 10.00%  runtime.(*mcache).allocLarge
     (..略..)
```

flatは「関数の中で他の関数を呼び出した時間」を含まない結果です。sumはスタック履歴でのflat累計です。cumは「関数の中で関数を呼び出した時間」を含んだ結果です（**図8.1**）。

図8.1　CPUプロファイル結果の見方

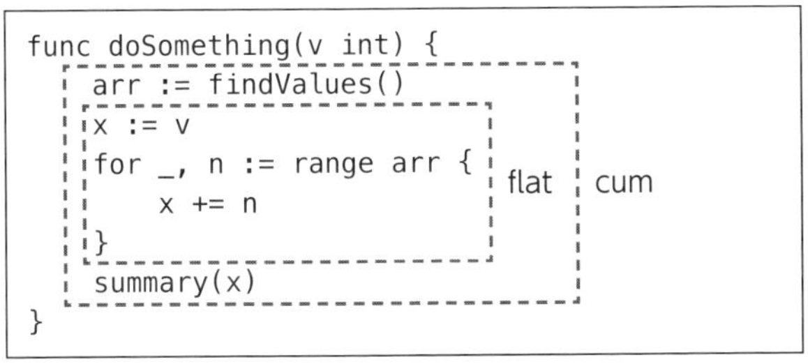

```
func doSomething(v int) {
   arr := findValues()
   x := v
   for _, n := range arr {
       x += n
   }
   summary(x)
}
```

（図中の破線枠：`x := v` から `}` までが flat、`arr := findValues()` から `summary(x)` までが cum）

この結果を見ると、CPU負荷が高かった上位の関数はランタイムの処理だとわかります。以下のようにフラグを指定することで、cumでソートした結果を表示できます。

```
$ go tool pprof -cum -top cpu.prof
File: heavy
Type: cpu
Time: Dec 5, 2022 at 2:21am (JST)
Duration: 216.37ms, Total samples = 100ms (46.22%)
Showing nodes accounting for 100ms, 100% of 100ms total
      flat  flat%   sum%        cum   cum%
         0     0%     0%       70ms 70.00%  main.heavyFunc
         0     0%     0%       70ms 70.00%  runtime.growslice
      10ms 10.00% 10.00%       50ms 50.00%  runtime.bulkBarrierPreWriteSrcOnly
         0     0% 10.00%       50ms 50.00%  runtime.systemstack
      20ms 20.00% 30.00%       30ms 30.00%  runtime.scanobject
         0     0% 30.00%       20ms 20.00%  runtime.gcBgMarkWorker
         0     0% 30.00%       20ms 20.00%  runtime.gcBgMarkWorker.func2
         0     0% 30.00%       20ms 20.00%  runtime.gcDrain
      20ms 20.00% 50.00%       20ms 20.00%  runtime.heapBits.next (inline)
         0     0% 50.00%       20ms 20.00%  runtime.mallocgc
         0     0% 50.00%       10ms 10.00%  main.main
         0     0% 50.00%       10ms 10.00%  runtime.(*mcache).allocLarge
         0     0% 50.00%       10ms 10.00%  runtime.(*mheap).alloc
         0     0% 50.00%       10ms 10.00%  runtime.(*mheap).alloc.func1
    (..略..)
```

ランタイムによるものを除くと、heavyFuncが一番、CPU負荷が高かったことになります。同様にメモリのプロファイルも参照します。メモリプロファイルを得るには以下の手順でプログラムを起動します。

```
$ ./実行ファイル -memprofile mem.prof
```

プログラムが終了すると、カレントディレクトリにmem.profが生成されます。メモリプロファイル結果を参照するには以下のコマンドを実行します。

```
$ go tool pprof -top mem.prof
File: heavy
Type: inuse_space
Time: Dec 5, 2022 at 2:21am (JST)
Showing nodes accounting for 15560.48kB, 100% of 15560.48kB total
      flat  flat%   sum%        cum   cum%
   13864kB 89.10% 89.10%    13864kB 89.10%  main.heavyFunc
 1184.27kB  7.61% 96.71%  1184.27kB  7.61%  runtime/pprof.StartCPUProfile
  512.20kB  3.29%   100%   512.20kB  3.29%  runtime.malg
         0     0%   100%  1184.27kB  7.61%  main.main
         0     0%   100%  1184.27kB  7.61%  runtime.main
```

```
     0      0%    100%   512.20kB  3.29%  runtime.newproc.func1
     0      0%    100%   512.20kB  3.29%  runtime.newproc1
     0      0%    100%   512.20kB  3.29%  runtime.systemstack
```

heavyFuncが一番、メモリ負荷が高かったようです。-pngフラグを付けると呼び出しの相関がわかります。以下の手順でCPUプロファイルの相関グラフを生成できます。

```
$ go tool pprof -png cpu.prof > out.png
```

このコマンドを実行するためにはgraphvisのdotコマンドが必要です。あらかじめインストールしておいてください。実行するとout.png（図8.2）が生成されます。

図8.2　pngフラグによる呼び出しの相関図

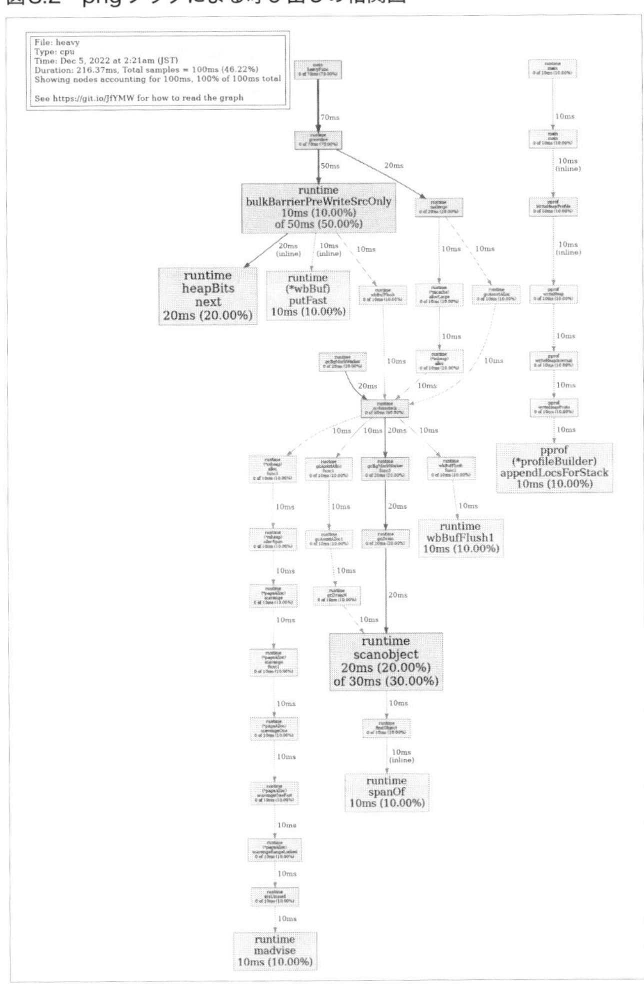

画像の上部にmain.heavyFuncがあります（図8.3）。

図8.3　図2の最上部

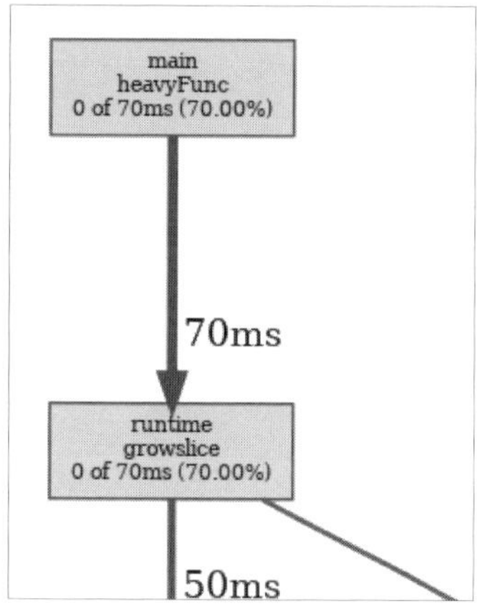

さらに以下のコマンドを実行します。

```
$ go tool pprof -http=:8080 cpu.prof
```

するとWebブラウザが起動し、相関だけでなくフレームグラフも表示できます（図8.4）。

図8.4　-httpによるフレームグラフ

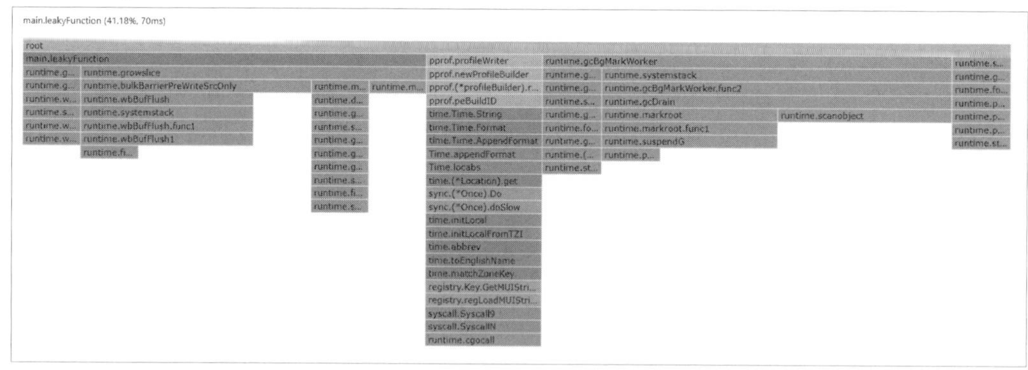

どの関数がどれだけ処理時間を使っているのかがわかりやすく表示されています。また［Source］を選択することで、コードの中でどの部分に処理時間がかかっているのかを簡単に知ることができます（図8.5、8.6）。

図8.5　[View]→[Source]

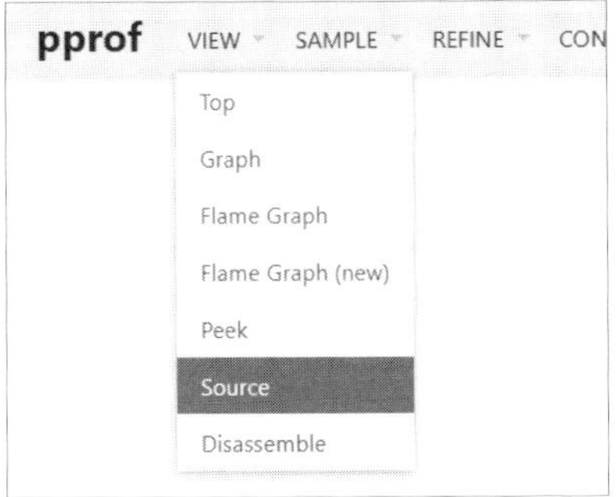

図8.6　コードごとの処理時間を可視化

pprof　VIEW　SAMPLE　REFINE　CONFIG　DOWNLOAD　Search regexp

main.heavyFunc

C:¥dev¥go-book¥code¥heavy¥heavy.go

```
Total:       350ms     17.50s (flat, cum) 55.38%
                .          .                "net/http"
                .          .              _ "net/http/pprof"
                .          .                "sync"
                .          .            )
                .          .
                .          .            func heavyFunc(wg *sync.WaitGroup) {
                .          .                defer wg.Done()
                .          .                s := make([]string, 3)
             40ms       40ms                for i := 0; i < 1000000; i++ {
            310ms     17.46s                    s = append(s, "magical pandas")
                .          .                }
                .          .            }
```

main.main

C:¥dev¥go-book¥code¥heavy¥heavy.go

```
Total:         0       10ms (flat, cum) 0.032%
               .          .            func main() {
               .          .                go func() {
               .          .                    log.Println(http.ListenAndServe("localhost:6060", nil))
               .          .                }()
               .          .
               .          .                for {
               .          .                    var wg sync.WaitGroup
               .          .                    wg.Add(1)
               .          .                    go heavyFunc(&wg)
               .       10ms                    wg.Wait()
               .          .                }
               .          .            }
```

今回の例ではappendに多くの処理時間を使っているのがわかります。

ただし今回、プロファイルを得るためにプログラムに多くの処理を追加してしまいました。Goにはこれをもう少し簡単にするためのしくみがあります。それがnet/http/pprofです。以下のようにnet/http/pprofをブランクimport(第4章参照)し、goroutineの中でWebサーバを起動します。また、プログラムがすぐに終了してしまわないように処理をループにしておきます(**リスト8.8**)。

リスト8.8 net/http/pprofの使用例

```
package main

import (
    "log"
    "net/http"
    _ "net/http/pprof"
    "sync"
)

func heavyFunc(wg *sync.WaitGroup) {
    defer wg.Done()
    s := make([]string, 3)
    for i := 0; i < 1000000; i++ {
        s = append(s, "magical pandas")
    }
}

func main() {
    go func() {
        log.Println(http.ListenAndServe("localhost:6060", nil))
    }()

    for {
        var wg sync.WaitGroup
        wg.Add(1)
        go heavyFunc(&wg)
        wg.Wait()
    }
}
```

このプログラムを起動したあと、別の端末から以下を実行します。

```
$ curl -s http://localhost:6060/debug/pprof/profile > cpu.prof
```

プロファイルの取得には30秒かかります（待てない場合は?seconds=Nを付与）。

cpu.profが生成されたあとの流れは前述のとおりです。net/http/pprofにはこのほかにも計測可能な項目がたくさん提供されています。

- http://localhost:6060/debug/pprof/heap
- http://localhost:6060/debug/pprof/block
- http://localhost:6060/debug/pprof/goroutine
- http://localhost:6060/debug/pprof/threadcreate
- http://localhost:6060/debug/pprof/mutex

このように、Goはプロファイルを得るしくみも標準で用意されています。これらはGoでコンパイルされるアプリケーションだけでなくGo本体のプロファイリングにも使用され、常にパフォーマンスの改善に取り組んでいます。

8.5 まとめ

Goでベンチマークやプロファイルを得る方法を紹介しました。今までアプリケーションのパフォーマンス改善に関して難易度が高いと諦めてきた方も、きっとGoのツールでは簡単に取り組めると思います。

第 9 章

Goによる CLIアプリケーション開発

本章ではGoを使ってCLIアプリケーションを作成する流れを、順を追って解説します。プログラムは、青空文庫（https://www.aozora.gr.jp/）から小説のテキストファイルをダウンロードし、SQLiteデータベースに登録、そのデータベースをコマンドラインから全文検索することができるものとします。また、後半ではCLIアプリケーションの開発に便利なライブラリを紹介します。

9.1 システムのコンセプト

本プログラムは表9.1の2つのプログラムで実現します。

表9.1 本章で作るプログラムの構成

プログラム	説明
aozora-collector	データベースへの登録プログラム
aozora-search	データベースの照会プログラム

コードは筆者のGitHub[注9.1]で公開しています。

9.2 データベース登録プログラム

本プログラムで扱う技術(パッケージ)は表9.2になります。

表9.2 本章で作るプログラムで扱うパッケージ

機能	パッケージ
スクレイピング	github.com/PuerkitoBio/goquery
URLの操作	net/url
ZIPファイルのダウンロード	net/http
ZIPファイルの展開	archive/zip
形態素解析	github.com/ikawaha/kagome
データベース操作	github.com/mattn/go-sqlite3

まずは青空文庫のテキストをダウンロードします。Goでインターネットサイトの情報をダウンロードして解析するライブラリとしては、goqueryが有名です。スクレイピングできるライブラリは他にも存在しますが、goqueryはバランスが良く、多くのユーザーから使われています。

まずは以下のコマンドを実行してプロジェクトを初期化します。

注9.1 https://github.com/mattn/aozora-search

```
$ go mod init github.com/mattn/aozora-search
go: creating new go.mod: module github.com/mattn/aozora-search
```

※実行される際は「mattn」の部分をご自身のGitHubに置き換えてください

まずは芥川龍之介（青空文庫内では「芥川竜之介」）の作品リストを得るプログラムを作りましょう。goqueryを使うので`go get`を使ってパッケージをインポートします

```
$ go get github.com/PuerkitoBio/goquery
```

プログラムのディレクトリを作成し、main.goをエディタで開きます。

```
$ mkdir -p cmd/aozora-collector
$ vim cmd/aozora-collector/main.go
```

COLUMN

プログラムを作る手順

まずは直近のゴールを決定しましょう。プログラムを作るうえで大事なのは、いきなり最終的なゴールを決めないことです。プログラムは小さな処理や関数を寄せ集めて作られます。そしてそれらの小さな関数は、単一で動作すべきなのです。

プログラムが起動したら実行されるmain関数を少しずつ修正していき、まとまった単位で関数に切り出していくことでプログラムができあがります。main関数にすべての処理を書いても良いのですが、そうするとテストがしづらくなります。テストだけではありません。たとえば特定の関数だけを実行して動作確認したい場合でも、すべての処理手順を実行しなければなりません。プログラムを完成させる近道だと思い、こまめに関数分けしましょう。

ZIPファイルのURL一覧を得る

青空文庫では小説のテキストファイルをZIPファイルで提供しており、直近のゴールとして必要なのは、そのZIPファイルのURL一覧の取得です。作者の情報ページに書かれている作品リストから、個々の詳細ページをたどり、ZIPファイルのURLを集める処理を実装しましょう。おそらく今後、タイトルと詳細ページ、およびZIPのURLが必要になるため、それらをまとめるEntryというstructを用意します（**リスト9.1**）。

リスト9.1　作品情報をまとめるstruct「Entry」

```
package main

import (
    "fmt"
    "log"

    "github.com/PuerkitoBio/goquery"
)

type Entry struct {
    AuthorID string
    Author   string
    TitleID  string
    Title    string
    InfoURL  string
    ZipURL   string
}

func findEntries(siteURL string) ([]Entry, error) {
    // 処理
}

func main() {
    listURL := "https://www.aozora.gr.jp/index_pages/person879.html"

    entries, err := findEntries(listURL)
    if err != nil {
        log.Fatal(err)
    }
    for _, entry := range entries {
        fmt.Println(entry.Title, entry.ZipURL)
    }
}
```

リスト9.1で使う、goqueryでURLからDOM (Document Object Model) オブジェクトを作成するfindEntriesは**リスト9.2**のように実装します。

リスト9.2　URLからDOMオブジェクトを作成するfindEntries関数

```
func findEntries(siteURL string) ([]Entry, error) {
    doc, err := goquery.NewDocument(siteURL)
    if err != nil {
        return nil, err
    }
    // 処理
    return nil, nil // ひとまず両方nilを返しておく
}
```

青空文庫の作品一覧のHTMLを見ると以下のようになっています（執筆時点のHTMLであり今後変更される可能性があります）。

```
<h2><a name="sakuhin_list_1">公開中の作品</a></h2>

<ol>
<li><a href="../cards/000879/card4872.html">愛読書の印象</a> （新字旧仮名、作品ID:4872） </li>
<li><a href="../cards/000879/card16.html">秋</a> （新字旧仮名、作品ID:16） </li>
<li><a href="../cards/000879/card178.html">芥川竜之介歌集</a> （新字旧仮名、作品ID:178） </li>
<li><a href="../cards/000879/card15.html">アグニの神</a> （新字旧仮名、作品ID:15） </li>
<li><a href="../cards/000879/card43014.html">アグニの神</a> （新字新仮名、作品ID:43014） </li>
<li><a href="../cards/000879/card3804.html">悪魔</a> （新字旧仮名、作品ID:3804） </li>

(..略..)

</ol>
```

作成したdocのFindメソッドにCSSセレクタを渡すことで、指定したノードを得ることができます。**リスト9.3**のようにリンクURL一覧を得ます。

リスト9.3　リンクURL一覧を取得する

```
doc.Find("ol li a").Each(func(n int, elem *goquery.Selection) {
    println(elem.Text(), elem.AttrOr("href", ""))
})
```

これを実行すると以下のテキストが出力されます。

```
愛読書の印象 ../cards/000879/card4872.html
秋 ../cards/000879/card16.html
芥川竜之介歌集 ../cards/000879/card178.html
アグニの神 ../cards/000879/card15.html
アグニの神 ../cards/000879/card43014.html
悪魔 ../cards/000879/card3804.html
浅草公園 ../cards/000879/card21.html

(..略..)
```

青空文庫のZIPファイルへのURLは以下の形式になっています。

```
https://www.aozora.gr.jp/cards/6桁の作者ID/card作品ID.html
```

この場合、芥川竜之介の作者IDは000879、作品IDは上記で得たcardXXXXのXXXX部分（例：

4872）になります。先ほどの、href属性から得た概要ページの相対パスに含まれている情報を見ると、その両方が得られるのがわかります。正規表現を使って抜き出しましょう。リスト9.3を**リスト9.4**のように修正して、ZIPファイルが含まれる詳細ページへのURLを得ます。

リスト9.4　リスト9.3に詳細ページへのURLを正規表現で抜き出す処理を追加

```
pat := regexp.MustCompile(`.*/cards/([0-9]+)/card([0-9]+).html$`)
doc.Find("ol li a").Each(func(n int, elem *goquery.Selection) {
    token := pat.FindStringSubmatch(elem.AttrOr("href", ""))
    if len(token) != 3 {
        return
    }
    pageURL := fmt.Sprintf("https://www.aozora.gr.jp/cards/%s/card%s.html",
        token[1], token[2])
    println(pageURL)
})
```

詳細ページのHTMLではtableタグの中にZIPファイルへのパスが含まれています。扱いやすいように**リスト9.5、9.6**のようにプログラムを変更します。

リスト9.5　リスト9.4にfindAuthorAndZIP（リスト9.6）を追加

```
pat := regexp.MustCompile(`.*/cards/([0-9]+)/card([0-9]+).html$`)
doc.Find("ol li a").Each(func(n int, elem *goquery.Selection) {
    token := pat.FindStringSubmatch(elem.AttrOr("href", ""))
    if len(token) != 3 {
        return
    }
    pageURL := fmt.Sprintf("https://www.aozora.gr.jp/cards/%s/card%s.html",
        token[1], token[2])
    author, zipURL := findAuthorAndZIP(pageURL) // 作者とZIPファイルのURLを得る
    println(zipURL)
})
```

リスト9.6　作者とZIPファイルのURLを得る関数のひな形

```
func findAuthorAndZIP(siteURL string) (string, string) {
    doc, err := goquery.NewDocument(siteURL)
    if err != nil {
        return "", ""
    }

    zipURL := ""
    // 処理
    return zipURL
}
```

ZIPのURLはdownloadというclass属性の付いたtableタグの中に含まれるaタグで、かつ拡張

子が.zipのものになります。**リスト9.7**のようにリスト9.6を変更しましょう。

リスト9.7 リスト9.6を実装する

```
func findAuthorAndZIP(siteURL string) (string, string) {
    doc, err := goquery.NewDocument(siteURL)
    if err != nil {
        return "", ""
    }

    author := doc.Find("table[summary=作家データ] tr:nth-child(1) td:nth-child(2)").Text()

    zipURL := ""
    doc.Find("table.download a").Each(func(n int, elem *goquery.Selection) {
        href := elem.AttrOr("href", "")
        if strings.HasSuffix(href, ".zip") {
            zipURL = href
        }
    })
    return author, zipURL
}
```

これを実行すると以下が出力されます。

```
./files/4872_ruby_20864.zip
./files/16_ruby_344.zip
./files/178_ruby_2210.zip
./files/15_ruby_904.zip
./files/43014_ruby_17392.zip
./files/3804_ruby_27189.zip
./files/21_ruby_1427.zip
./files/43361_ruby_17690.zip
./files/17_ruby_377.zip
./files/14_ruby_1261.zip
./files/60574_txt_71363.zip

(..略..)
```

相対パスですので扱いが面倒です。net/urlパッケージを使って相対URLから絶対URLに変更しましょう。

得られたzipURLは引数siteURLからの相対パスです。まずはsiteURLをパースします。

```
u, err := url.Parse(siteURL)
if err != nil {
    return ""
}
```

siteURLのディレクトリ部分はpathパッケージのpath.Dir関数を使って得られるので、そのディレクトリと相対パスであるzipURLをpath.Join関数を使ってパス結合します。

```
path.Join(path.Dir(u.Path), zipURL)
```

これをu.Pathに戻し、Stringメソッドを使って元のURL文字列に戻します。zipURLがはじめからURL形式だった場合も想定しておきましょう（**リスト9.8**）。

リスト9.8　リスト9.7に相対URLから絶対URLに変換する処理を追加

```
func findAuthorAndZIP(siteURL string) (string, string) {
    log.Println("query", siteURL)
    doc, err := goquery.NewDocument(siteURL)
    if err != nil {
        return "", ""
    }

    author := doc.Find("table[summary=作家データ]:nth-child(1) tr:nth-child(2) td:nth-
child(2)").Text()

    zipURL := ""
    doc.Find("table.download a").Each(func(n int, elem *goquery.Selection) {
        href := elem.AttrOr("href", "")
        if strings.HasSuffix(href, ".zip") {
            zipURL = href
        }
    })

    if zipURL == "" {
        return author, ""
    }
    if strings.HasPrefix(zipURL, "http://") || strings.HasPrefix(zipURL, "https://") {
        return author, zipURL
    }

    u, err := url.Parse(siteURL)
    if err != nil {
        return author, ""
    }
    u.Path = path.Join(path.Dir(u.Path), zipURL)
    return author, u.String()
}
```

これを実行すると以下が出力されます。

```
https://www.aozora.gr.jp/cards/000879/files/4872_ruby_20864.zip
https://www.aozora.gr.jp/cards/000879/files/16_ruby_344.zip
https://www.aozora.gr.jp/cards/000879/files/178_ruby_2210.zip
https://www.aozora.gr.jp/cards/000879/files/15_ruby_904.zip
https://www.aozora.gr.jp/cards/000879/files/43014_ruby_17392.zip
https://www.aozora.gr.jp/cards/000879/files/3804_ruby_27189.zip
https://www.aozora.gr.jp/cards/000879/files/21_ruby_1427.zip
https://www.aozora.gr.jp/cards/000879/files/43361_ruby_17690.zip
https://www.aozora.gr.jp/cards/000879/files/17_ruby_377.zip
https://www.aozora.gr.jp/cards/000879/files/14_ruby_1261.zip

(..略..)
```

findEntries関数に**リスト9.9**を追加して、findAuthorAndZIPから得たEntry一覧をmain関数に戻すようにします。

リスト9.9　findEntries関数(リスト9.2)に追加する処理

```
entries := []Entry{}
doc.Find("ol li a").Each(func(n int, elem *goquery.Selection) {
    token := pat.FindStringSubmatch(elem.AttrOr("href", ""))
    if len(token) != 3 {
        return
    }
    title := elem.Text()
    pageURL := fmt.Sprintf("https://www.aozora.gr.jp/cards/%s/card%s.html", token[1],
 token[2])
    author, zipURL := findAuthorAndZIP(pageURL) // 作者とZIPファイルのURLを得る
    if zipURL != "" {
        entries = append(entries, Entry{
            AuthorID: token[1],
            Author:   author,
            TitleID:  token[2],
            Title:    title,
            SiteURL:  siteURL,
            ZipURL:   zipURL,
        })
    }
})

return entries, nil
```

この時点で、このプログラムが以下の構成になっていることに注目してください。

- 最終的な処理は深く呼び出した関数の中では行わない
- エラーが起きた場合はその場で強制終了せずmainに戻す

これがGoでうまくプログラムを作るうえでの重要なポイントになります。書き捨ての小さなスクリプトレベルのプログラムであれば途中でpanicを起こしたりlog.Fatalで強制終了したりしても良いと思いますが、のちのちメンテナンスしていくプログラムでは足かせになってしまいます。とくにライブラリを開発している場合には重要で、今までエラーを返していなかった関数について、エラーを返すために、関数定義を変えなければならなくなります。その関数を使っていたライブラリユーザーに対して非互換な変更を強制することになってしまいます。

はじめの設計時からエラーを返す想定をしておくことが非常に重要で、こうしておくことで関数を単独で検証することができるようになります。今回の例であればfindZipURLやfindEntriesを試験したくなった際には、mainから直接呼び出して簡単に確認することができます。

ZIPファイルを展開する

次は得られたZIPファイルへのURLから、実際にZIPファイルを展開する処理を実装しましょう。main関数のループを**リスト9.10**に変更しましょう。

リスト9.10　リスト9.1のmain関数のループを変更

```
for _, entry := range entries {
    content, err := extractText(entry.ZipURL)
    if err != nil {
        log.Println(err)
        continue
    }
    fmt.Println(entry.SiteURL)
    fmt.Println(content)
}
```

main関数から呼び出すextractText関数の定義も作っておきます。

```
func extractText(zipURL string) (string, error) {
    // 処理
}
```

ZIPファイルの中には拡張子txtのファイルが含まれています。archive/zipパッケージを使ってコンテンツを得ます。archive/zipはバイト列をReaderとして読み込ませる必要があるので、まずはnet/httpパッケージを使ってコンテンツをダウンロードし、バイト列を得るまでを実装します。

```
resp, err := http.Get(zipURL)
if err != nil {
    return "", err
}
```

```
defer resp.Body.Close()

b, err := ioutil.ReadAll(resp.Body)
if err != nil {
    return "", err
}
```

変数bにダウンロードしたZIPファイルの内容が格納されました。bytes.NewReaderを使ってZIPファイルを読み込みます。

```
r, err := zip.NewReader(bytes.NewReader(b), int64(len(b)))
if err != nil {
    return "", err
}
```

rにはファイル一覧が保持されているため、これをループして拡張子が.txtのファイルを探します。見つけたらコンテンツを得て返します。

```
for _, file := range r.File {
    if path.Ext(file.Name) == ".txt" {
        f, err := file.Open()
        if err != nil {
            return "", err
        }
        b, err := ioutil.ReadAll(f)
        f.Close()
        if err != nil {
            return "", err
        }
        return string(b), nil
    }
}
```

これでZIPのコンテンツが得られました。ただし実行するとわかりますが、コンテンツはShiftJISです。Goはプログラムの内部ではUTF-8で扱いたいので、エンコーディングを変換しましょう。Goには標準パッケージとは別に、よく使われるであろう便利なパッケージが数多く用意されています（**表9.3**）。

表9.3 Goの標準外のパッケージ

パッケージ	説明
golang.org/x/arch	マシンアーキテクチャ
golang.org/x/crypto	暗号化
golang.org/x/exp	実験的
golang.org/x/image	画像
golang.org/x/mod	Goモジュール
golang.org/x/net	ネットワーク
golang.org/x/oauth2	OAuth2
golang.org/x/sync	非同期
golang.org/x/sys	システムコール
golang.org/x/term	端末
golang.org/x/text	テキスト
golang.org/x/time	時間
golang.org/x/tools	ツール
golang.org/x/xerrors	エラー

このうち、今回はx/textに含まれるgolang.org/x/text/encoding/japaneseパッケージを使ってエンコーディング変換を行います。extractText全体は**リスト9.11**になります。

リスト9.11 extractTextを実装する

```
func extractText(zipURL string) (string, error) {
	resp, err := http.Get(zipURL)
	if err != nil {
		return "", err
	}
	defer resp.Body.Close()

	b, err := ioutil.ReadAll(resp.Body)
	if err != nil {
		return "", err
	}
	r, err := zip.NewReader(bytes.NewReader(b), int64(len(b)))
	for _, file := range r.File {
		if path.Ext(file.Name) == ".txt" {
			f, err := file.Open()
			if err != nil {
				return "", err
			}
			b, err := ioutil.ReadAll(f)
			f.Close()
			if err != nil {
				return "", err
			}
```

```
            b, err = japanese.ShiftJIS.NewDecoder().Bytes(b)
            if err != nil {
                return "", err
            }
            return string(b), nil
        }
    }
    return "", errors.New("contents not found")
}
```

データベースに登録する

さて、ここからは別のフェーズになります。いったん、これまでのプログラムを忘れ、新規にテンポラリのプロジェクトを作って、データベースの登録部分のみを実装し、それを本プロジェクトに肉付けしていくと良いでしょう。

データベースはどのRDBMSでも良いですが、お手軽でかつ全文検索が可能なSQLite 3を選びました。Goではdatabase/sqlパッケージを使ってSQLite 3のデータベースを開くには**リスト9.12**のように実装します。

リスト9.12　SQLite 3のデータベースを開くひな形

```
package main

import (
    "database/sql"
    "log"

    _ "github.com/mattn/go-sqlite3"
)

func main() {
    db, err := sql.Open("sqlite3", "database.sqlite")
    if err != nil {
        log.Fatal(err)
    }
    defer db.Close()

    // 処理
}
```

まずはデータベースの設計を行います。著者やタイトル、URLといった情報を扱い、さらに全文検索を行うのであれば、以下の2つのテーブルが必要になります。

- 著者情報テーブル
- コンテンツ情報

これらに加えて、全文検索のためにFTS4（Full Text Search version 4）を扱う仮想テーブルを用意します（**リスト9.13**）。

リスト9.13　リスト9.12をもとにデータベースの設計処理を実装

```
package main

import (
    "database/sql"
    "log"

    _ "github.com/mattn/go-sqlite3"
)

func main() {
    db, err := sql.Open("sqlite3", "database.sqlite")
    if err != nil {
        log.Fatal(err)
    }
    defer db.Close()

    queries := []string{
        `CREATE TABLE IF NOT EXISTS authors(author_id TEXT, author TEXT, PRIMARY KEY
 (author_id))`,
        `CREATE TABLE IF NOT EXISTS contents(author_id TEXT, title_id TEXT, title
 TEXT, content TEXT, PRIMARY KEY (author_id, title_id))`,
        `CREATE VIRTUAL TABLE IF NOT EXISTS contents_fts USING fts4(words)`,
    }
    for _, query := range queries {
        _, err = db.Exec(query)
        if err != nil {
            log.Fatal(err)
        }
    }
    // 処理
}
```

今回は芥川竜之介の情報を全文検索する部分のみを実装するため、サンプルデータを登録します。

```
b, err := os.ReadFile("ababababa.txt")
if err != nil {
    log.Fatal(err)
}
```

```
b, err = japanese.ShiftJIS.NewDecoder().Bytes(b)
if err != nil {
    log.Fatal(err)
}
content := string(b)

res, err := db.Exec(`INSERT INTO contents(author_id, title_id, title, content) values
(?, ?, ?, ?)`,
    "000879",
    "14",
    "あばばばば",
    content,
)
if err != nil {
    log.Fatal(err)
}
docID, err := res.LastInsertId()
```

最後の行でdocIDを得ているのは、contents_ftsに登録する際のdocidとして使うためです。FTS4では自動的にdocidというカラムが付与されます。通常はautoincrementされますが、これを明示的に指定しています。

なお『あばばばば』の作品データはhttps://www.aozora.gr.jp/cards/000879/card14.htmlから事前にダウンロードしておいてください。FTS4のカラムwordsには、小説テキストを分かち書きした文字列を登録しましょう。Goで分かち書きされた文字列を得るのであれば、kagome[注9.2]が使えます。

kagomeはPure Goで開発されている日本語形態素解析器です。MeCab IPADICとUniDIC、2つの辞書を扱うことができます。日本語の形態素解析をするプログラムとして、筆者もよく利用します。kagomeを使って分かち書き文字列を取得し、contents_ftsテーブルに登録するには**リスト9.14**のように実装します。前述したdocIDを使う必要があります。

リスト9.14　分かち書き文字列を取得してテーブルに登録する

```
t, err := tokenizer.New(ipa.Dict(), tokenizer.OmitBosEos())
if err != nil {
    log.Fatal(err)
}

seg := t.Wakati(content)
_, err = db.Exec(`
    INSERT INTO contents_fts(docid, words) values(?, ?)
`,
    docID,
    strings.Join(seg, " "),
)
```

注9.2　https://github.com/ikawaha/kagome

```
if err != nil {
    log.Fatal(err)
}
```

最後に正しく動作しているか確認しましょう。以下のクエリを実行して、レコードが得られることを確認します。

```
query := "虫 AND ココア"
rows, err := db.Query(`
    SELECT
        a.author,
        c.title
    FROM
        contents c
    INNER JOIN authors a
        ON a.author_id = c.author_id
    INNER JOIN contents_fts f
        ON c.rowid = f.docid
        AND words MATCH ?
`, query)
if err != nil {
    log.Fatal(err)
}
defer rows.Close()

for rows.Next() {
    var author, title string
    err = rows.Scan(&author, &title)
    if err != nil {
        log.Fatal(err)
    }
    fmt.Println(author, title)
}
```

「あばばばば」が表示されれば正解です。これで、SQLite 3を使った全文検索のデータベース登録処理が実装できました。リスト9.13、14も合わせて、本体に組み込みます（**リスト9.15**）。

リスト9.15　芥川竜之介の作品リストをデータベースに登録するプログラム

```
func setupDB(dsn string) (*sql.DB, error) {
    db, err := sql.Open("sqlite3", dsn)
    if err != nil {
        return nil, err
    }

    queries := []string{
        `CREATE TABLE IF NOT EXISTS authors(author_id TEXT, author TEXT, PRIMARY KEY
```

```
(author_id))`,
        `CREATE TABLE IF NOT EXISTS contents(author_id TEXT, title_id TEXT, title
TEXT, content TEXT, PRIMARY KEY (author_id, title_id))`,
        `CREATE VIRTUAL TABLE IF NOT EXISTS contents_fts USING fts4(words)`,
    }
    for _, query := range queries {
        _, err = db.Exec(query)
        if err != nil {
            return nil, err
        }
    }
    return db, nil
}

func addEntry(db *sql.DB, entry *Entry, content string) error {
    _, err := db.Exec(`
        REPLACE INTO authors(author_id, author) values(?, ?)
    `,
        entry.AuthorID,
        entry.Author,
    )
    if err != nil {
        return err
    }

    res, err := db.Exec(`
        REPLACE INTO contents(author_id, title_id, title, content) values(?, ?, ?, ?)
    `,
        entry.AuthorID,
        entry.TitleID,
        entry.Title,
        content,
    )
    if err != nil {
        return err
    }
    docID, err := res.LastInsertId()
    if err != nil {
        return err
    }

    t, err := tokenizer.New(ipa.Dict(), tokenizer.OmitBosEos())
    if err != nil {
        return err
    }

    seg := t.Wakati(content)
    _, err = db.Exec(`
        REPLACE INTO contents_fts(docid, words) values(?, ?)
    `,
```

```
        docID,
        strings.Join(seg, " "),
    )
    if err != nil {
        return err
    }
    return nil
}

func main() {
    db, err := setupDB("database.sqlite")
    if err != nil {
        log.Fatal(err)
    }
    defer db.Close()

    listURL := "https://www.aozora.gr.jp/index_pages/person879.html"

    entries, err := findEntries(listURL)
    if err != nil {
        log.Fatal(err)
    }
    log.Printf("found %d entries", len(entries))
    for _, entry := range entries {
        log.Printf("adding %+v\n", entry)
        content, err := extractText(entry.ZipURL)
        if err != nil {
            log.Println(err)
            continue
        }
        err = addEntry(db, &entry, content)
        if err != nil {
            log.Println(err)
            continue
        }
    }
}
```

本当はもっとうまく作者をまとめ、1回で1レコードのみINSERT INTOすべきですが、青空文庫に登録されている作者情報は単著によるものだけではありません。たとえば別の作者の作品で、芥川竜之介は翻訳者として登場する場合もあります。今回は芥川竜之介の作者情報URLからスクレイピングを開始しましたが、他の作者からスクレイピングを始めても芥川竜之介は登場します。実行後に登録された作者情報テーブルは以下のようになりました。

```
001086|ゴーチェ テオフィル
000338|フランス アナトール
001085|イエイツ ウィリアム・バトラー
```

```
002016|ダ・ヴィンチ レオナルド
000879|芥川 竜之介
```

作者数5人、作品の数は378作品となりました。他の作者情報からさらにスクレイピングすることもできますが、本書ではここまでとします。

9.3 データベース照会プログラム

次はこのデータベースを照会するプログラムを作っていきましょう。照会プログラムの仕様は**表9.4**とします。

表9.4 データベース照会プログラムの仕様

コマンド	処理
aozora-search artists	作者一覧を表示
aozora-search titles 作者ID	タイトル一覧を表示
aozora-search content 作者ID タイトルID	コンテンツを表示
aozora-search query クエリ	検索結果を表示

プログラムのディレクトリを作成し、main.goをエディタで開きます。

```
$ mkdir -p cmd/aozora-search
$ vim cmd/aozora-search/main.go
```

Goにはサブコマンドを扱うために便利なパッケージがたくさんありますが、ここではそれらを使わずに実装してみます。これは本章後半で解説するコマンドラインパーサが、どれくらい効率的で機能性が高いのか、それらを使わないプログラムがどれだけ大変なのかを理解していただくためです。

表9.4のコマンドラインの仕様を愚直に実装すると**リスト9.16**のようになります。

リスト9.16 照会プログラムのコマンドをコマンドラインパーサを使わず実装

```
func main() {
    var dsn string
    flag.StringVar(&dsn, "d", "database.sqlite", "database")
    flag.Usage = func() {
```

```
        fmt.Print(usage)
    }
    flag.Parse()

    if flag.NArg() == 0 {
        flag.Usage()
        os.Exit(2)
    }

    db, err := sql.Open("sqlite3", dsn)
    if err != nil {
        log.Fatal(err)
    }
    defer db.Close()

    switch flag.Arg(0) {
    case "authors":
        err = showAuthors(db)
    case "titles":
        if flag.NArg() != 2 {
            flag.Usage()
            os.Exit(2)
        }
        err = showTitles(db, flag.Arg(1))
    case "content":
        if flag.NArg() != 3 {
            flag.Usage()
            os.Exit(2)
        }
        err = showContent(db, flag.Arg(1), flag.Arg(2))
    case "query":
        if flag.NArg() != 2 {
            flag.Usage()
            os.Exit(2)
        }
        err = queryContent(db, flag.Arg(1))
    }

    if err != nil {
        log.Fatal(err)
    }
}
```

一見、わかりやすいようにも見えますが、サブコマンドが増えるたびにこのswitch関数が増えるのはメンテナンスコストが高いのです。また、このソースコードではデータベース接続文字列を指定するフラグ-dだけをグローバルなフラグとして扱いますが、サブコマンドに対するフラグが必要となった場合には実装が複雑になります。

今回実装したデータベース照会プログラムではサブコマンドがそれほど多くありませんが、こういったプログラムをちゃんと実装するのであれば、コマンドラインパーサを扱うのが良いでしょう。

9.4 テストの実装

テストを実装しましょう。findEntriesおよびfindAuthorAndZIP、extractTextのテストをします。このプログラムはHTTPクライアントを使って青空文庫から情報を取得します。そのまま実行結果を比較するテストを書いてしまうと、テストのたびに青空文庫にアクセスします。青空文庫のサーバに負荷を掛けてしまいますし、インターネットにアクセスできない状況ではテストが失敗してしまいます。

GoにはHTTPを使ったプログラムのテストを簡単にするためのしくみが用意されています(**リスト9.17**)。

リスト9.17　FindEntriesに対するテストコードのひな形

```
func TestFindEntries(t *testing.T) {
    ts := httptest.NewServer(http.HandlerFunc(func(w http.ResponseWriter, r *http.
Request) {
        // サーバのコード
    }))
    defer ts.Close()

    // テストコード
}
```

このコードはテストサーバを起動するコードです。ts.URLにアクセスすることでテストサーバにアクセスできます。http.Clientが必要であれば`ts.Client()`を呼び出すことで得られます。aozora-collectorの場合「サーバのコード」と書かれている部分に、青空文庫のサーバを疑似するコードを書くことになります。ただし、findEntriesはwww.aozora.gr.jpにアクセスするように作者情報のURLを作っています。**リスト9.18**のようにpageURLFormatをグローバル変数にすることで、テストコードから作品情報のURL書式を変更できるようにしておきます。

リスト9.18 findEntriesの変更個所

```
var pageURLFormat = "https://www.aozora.gr.jp/cards/%s/card%s.html"

func findEntries(siteURL string) ([]Entry, error) {
    (..略..)

    doc.Find("ol li a").Each(func(n int, elem *goquery.Selection) {
        (..略..)
        pageURL := fmt.Sprintf(pageURLFormat, token[1], token[2])
        author, zipURL := findAuthorAndZIP(pageURL) // ZIPファイルのURLを得る
```

テストコードは**リスト9.19**のように書き換えます。

リスト9.19 TestFindEntrie(リスト9.17)の変更個所

```
func TestFindEntries(t *testing.T) {
    tmp := pageURLFormat
    pageURLFormat = ts.URL + "/cards/%s/card%s.html"
    defer func() {
        pageURLFormat = tmp
    }()

    // 処理
}
```

こうすることで、テストコードの場合だけ、テストサーバを青空文庫のサーバとしてアクセスできるようになります。/にアクセスした場合は作者情報を、それ以外は作品情報を返却するには**リスト9.20**のように実装します。

リスト9.20 最終的なTestFindEntrieの実装

```
ts := httptest.NewServer(http.HandlerFunc(func(w http.ResponseWriter, r *http.Request) {
    fmt.Println(r.URL.String())
    if r.URL.String() == "/" {
        w.Write([]byte(`
        <table summary="作家データ">
        <tr><td class="header">作家名:</td><td><font size="+2">テスト 太郎</font></td></tr>
        <tr><td class="header">作家名読み:</td><td>テスト 太郎</td></tr>
        <tr><td class="header">ローマ字表記:</td><td>Test, Taro</td></tr>
        </table>
        <ol>
        <li><a href="../cards/999999/card001.html">テスト書籍001</a></li>
        <li><a href="../cards/999999/card002.html">テスト書籍002</a></li>
        <li><a href="../cards/999999/card003.html">テスト書籍003</a></li>
        </ol>
        `))
```

```
    } else {
        pat := regexp.MustCompile(`.*/cards/([0-9]+)/card([0-9]+).html$`)
        token := pat.FindStringSubmatch(r.URL.String())
        w.Write([]byte(fmt.Sprintf(`
        <table summary="作家データ">
        <tr><td class="header">作家名:</td><td><font size="+2">テスト 太郎</font></td></tr>
        <tr><td class="header">作家名読み:</td><td>テスト 太郎</td></tr>
        <tr><td class="header">ローマ字表記:</td><td>Test, Taro</td></tr>
        </table>
        <table border="1" summary="ダウンロードデータ" class="download">
        <tr>
            <td><a href="./files/%[1]s_%[2]s.zip">%[1]s_%[2]s.zip</a></td>
        </tr>
        </table>
        `, token[1], token[2])))
    }
}))
defer ts.Close()

tmp := pageURLFormat
pageURLFormat = ts.URL + "/cards/%s/card%s.html"
defer func() {
    pageURLFormat = tmp
}()

got, err := findEntries(ts.URL)
if err != nil {
    t.Error(err)
    return
}
```

最後にfindEntriesを呼び出して得たエントリ一覧をチェックします。

```
want := []Entry{
    {
        AuthorID: "999999",
        Author:   "テスト 太郎",
        TitleID:  "001",
        Title:    "テスト書籍001",
        SiteURL:  ts.URL,
        ZipURL:   ts.URL + "/cards/999999/files/999999_001.zip",
    },
    {
        AuthorID: "999999",
        Author:   "テスト 太郎",
        TitleID:  "002",
        Title:    "テスト書籍002",
        SiteURL:  ts.URL,
```

```
            ZipURL:   ts.URL + "/cards/999999/files/999999_002.zip",
        },
        {
            AuthorID: "999999",
            Author:   "テスト 太郎",
            TitleID:  "003",
            Title:    "テスト書籍003",
            SiteURL:  ts.URL,
            ZipURL:   ts.URL + "/cards/999999/files/999999_003.zip",
        },
    }
    if !reflect.DeepEqual(want, got) {
        t.Errorf("want %+v, but got %+v", want, got)
    }
```

これでfindEntriesとfindAuthorAndZIPのテストができました。次にextractTextのテストです。extractTextはZIPファイルをダウンロードしてそのZIPファイルに含まれるテキストファイルを展開して返却するので、事前にテストデータとしてZIPファイルを用意しておき、テストサーバをファイルサーバとして振る舞わせます。「テストデータ」と書かれたテキストファイル(ファイル名:example.txt)をZIPで圧縮し、testdataというディレクトリの中に置いておきます。テストコードは**リスト9.21**になります。

リスト9.21　extractTextに対するテストコード

```
func TestExtractText(t *testing.T) {
    ts := httptest.NewServer(http.FileServer(http.Dir(".")))
    defer ts.Close()

    got, err := extractText(ts.URL + "/testdata/example.zip")
    if err != nil {
        t.Fatal(err)
        return
    }
    want := "テストデータ\n"
    if want != got {
        t.Errorf("want %+v, but got %+v", want, got)
    }
}
```

このようにすることで、青空文庫のサーバと同じようにZIPファイルがダウンロードされ、中のテキストファイルがコンテンツして展開されるまでをテストできます。

完成したコマンドCLIアプリケーションのコマンドをいくつか試してみました(**図9.1**)。

図9.1　左：aozora-search titlesコマンド、右：aozora-search queryコマンド（結果は一部）

```
❯ ./aozora-search titles 000879
  13 十本の針
  14 あばばばば
  15 アグニの神
  16 秋
  17 あの頃の自分の事
  18 闇中問答
  19 或阿呆の一生
  20 或旧友へ送る手記
  21 浅草公園
  22 羅生門の後に
  23 芭蕉雑記
```

```
❯ ./aozora-search query 猫
000879  4872: 愛読書の印象 (芥川 竜之介)
000879    21: 浅草公園 (芥川 竜之介)
000879    14: あばばばば (芥川 竜之介)
000879    18: 闇中問答 (芥川 竜之介)
000879   176: 運 (芥川 竜之介)
000879   119: お時儀 (芥川 竜之介)
000879   126: お富の貞操 (芥川 竜之介)
000879   121: 温泉だより (芥川 竜之介)
000879    65: 貝殻 (芥川 竜之介)
000879    64: 影 (芥川 竜之介)
000879    77: 奇怪な再会 (芥川 竜之介)
000879    81: 木曽義仲論 (芥川 竜之介)
000879    91: 首が落ちた話 (芥川 竜之介)
```

9.5　CLI開発に役立つライブラリ

GoはCLI (Command Line Interface) のアプリケーションが作りやすいプログラミング言語と言われています。Go言語そのものがUNIX文化の中で生きてきた人たちによって作られていることも大きいですが、Go本体や周辺ツールの多くが小さいコマンドラインプログラムの集合で構成されている点、そしてそれらを扱うサードパーティアプリケーションもまたコマンドラインで提供されることが多い点が理由であろうと筆者は考えています。

GoにはたくさんのCLI向けライブラリがそろっています。本章後半ではそれらのうち、とくによく使われているものを紹介していきます。

9.6　フラグライブラリ

CLIの開発では、コマンドに渡されたフラグを処理する実装（コマンドインパーサ）が必要ですが、Goではそれを効率的に行える便利なライブラリが多くあります。本章前半のCLIアプリケーションはそれらライブラリを使わず実装したので、サブコマンドを実装するために以下のようなswitch文を書く必要がありました。

```
switch flag.Arg(0) {
case "authors":
    ...
case "titles":
    ...
case "content":
    ...
case "query":
    ...
}
```

本節で紹介するライブラリを使うことで、ソースコードをきれいに記述することができるようになります。ソースコードがきれいに分割できるので、テストもしやすくなります。

flagパッケージ

こちらはGoに標準で用意されているフラグパーサです。フラグを扱うための基本的な機能のみを提供するもので、サブコマンドなどは扱えません。コマンドライン引数として、フラグと入力文字列だけを扱うようなプログラムを作る際に便利です。

○使い方

リスト9.22に簡単な例を示します。

リスト9.22 flagパッケージの使用例(flag.Intの場合)

```
package main

import (
    "flag"
)

func main() {
    max := flag.Int("max", 255, "max value")
    name := flag.String("name", "somthing", "my name")
    flag.Parse()

    println(*name, *max)
}
```

このプログラムを実行すると「something 255」が表示されます。続いて-hを付けて実行します。

```
$ ./main -h
Usage of ./main:
  -max int
        max value (default 255)
  -name string
        my name (default "somthing")
```

maxはint型のポインタ、nameはstring型のポインタですが、どちらもnilになることはありません。`flag.Parse()`が実行されたタイミングで引数が解析され、不正な引数(たとえばmaxに文字列)が渡された場合には、プログラムを中断して使用方法を表示します。値の妥当性はチェックされないので開発者自身が値のチェックを行わなければなりません。

扱える型にはBool、Float64、Int、Int64、Uint、Uint64と、encoding.TextMarshaler、time.Duratoinがあります。

flag.Intはint型のポインタを返しますが、ポインタでない値がほしいときもあります。そういった場合にはIntではなくIntVarを使います(**リスト9.23**)。

リスト9.23　flagパッケージの使用例(flag.IntVarの場合)

```
package main

import (
    "flag"
)

func main() {
    var name string
    var max int

    flag.IntVar(&max, "max", 255, "max value")
    flag.StringVar(&name, "name", "", "my name")
    flag.Parse()

    // 処理
}
```

IntとIntVarがペアであるように、StringとStringVar、BoolとBoolVarなど対応するメソッドがあります。

flagパッケージがフラグを解析したあとの残りの引数は、flag.Argsから得ることができます。

```
func main() {
    var name string
    var max int
```

```
    flag.IntVar(&max, "max", 255, "max value")
    flag.StringVar(&name, "name", "", "my name")
    flag.Parse()

    for _, arg := range flag.Args() {
        fmt.Println(arg)
    }
}
```

直接N番目の引数を得たい場合は`flag.Arg(3)`のように指定することもできます（0始まりです）。

flagパッケージでは引数が与えられなかったときにエラーにするしくみが提供されていません。もし引数が与えられなかった場合にエラーにするのであれば、flag.NArgを使ってチェックします。

```
if flag.NArg() == 0 {
    flag.Usage()
    os.Exit(1)
}
```

flag.Duration/flag.DurationVar

筆者がflagパッケージの中で好きな機能の1つです。第4章でtime.Durationを紹介しましたが、これをflagとして受け取ることができます（**リスト9.24**）。

リスト9.24　flagパッケージの使用例（flag.Durationの場合）

```
package main

import (
    "flag"
    "time"
)

func main() {
    var sleep time.Duration
    flag.DurationVar(&sleep, "sleep", time.Second, "sleep time")
    flag.Parse()
    time.Sleep(sleep)
}
```

このように実装すると、コマンドラインフラグに3sや4m、5hといった経過時間を渡すことができます。

```
$ ./main -sleep 3s
```

flag.Text/flag.TextVar

encoding.TextMarshalerはMarshalTextを、encoding.TextUnmarshalerはUnmarshalTextメ

ソッドを持ったインターフェースです。

```
type TextMarshaler interface {
    MarshalText() (text []byte, err error)
}

type TextUnmarshaler interface {
    UnmarshalText(text []byte) error
}
```

これらのインターフェースを実装した型をflagパッケージで扱うことができます。たとえばnet.IPはIPアドレスを表現する型ですが、両方のインターフェースを実装しています。よってIPアドレスを得るコマンドラインフラグを**リスト9.25**のように実装することができます。

リスト9.25　flagパッケージの使用例(flag.TextVarの場合)

```
package main

import (
    "flag"
    "fmt"
    "net"
)

func main() {
    var ip net.IP
    flag.TextVar(&ip, "ip", net.IPv4(127, 0, 0, 1), "ip address")
    flag.Parse()

    fmt.Println(ip)
}
```


執筆時点でencoding.TextMarshalerとencoding.TextUnmarshalerを実装している型は以下のとおりです。

- encoding/gobパッケージのTextGobber型
- timeパッケージのTime型
- netパッケージのIP型
- math/bigパッケージのInt、Float、Rat型

time.Timeを使う場合はRFC 3339のフォーマットで以下のように指定する必要があります。

```
$ ./main -t 2022-11-26T08:23:05Z07:00
```

もちろん、encoding.TextMarshalerとencoding.TextUnmarshalerを両方実装した型を用意すれば、自分で作った型をTextVarに渡すこともできます。

テストの書き方

flagパッケージは簡素に書けてちょっとしたプログラムを書くには便利な反面、以下のような面もあります。

- テストが書きづらい
- 複数のパッケージでflag.Parseを実行できない
- フラグの定義と値の妥当性チェック処理がソース上でまとめづらい

Goでプログラムを書く際に筆者がよく使う方法として、runという関数を用意するというものがあります。別に関数名はrunでなくてもかまいませんが、処理の決まりとしては、プログラム名を除いた引数文字列の配列と、終了コードを返すためにintの戻り値を取る点があります（**リスト9.26**）。

リスト9.26　関数runの実装

```
package main

import (
    "flag"
    "fmt"
    "os"
)

var (
    commandLine = flag.NewFlagSet(os.Args[0], flag.ExitOnError)
)

func run(args []string) int {
    max := commandLine.Int("max", 255, "max value")
    name := commandLine.String("name", "", "my name")
    if err := commandLine.Parse(args); err != nil {
        fmt.Fprintf(os.Stderr, "cannot parse flags: %v\n", err)
    }

    if *max > 999 {
        fmt.Fprintf(os.Stderr, "invalid max value: %v\n", *max)
        return 1
    }
```

```
    if *name == "" {
        fmt.Fprintln(os.Stderr, "name must be provided")
        return 1
    }

    // 正常処理
    return 0
}

func main() {
    os.Exit(run(os.Args[1:]))
}
```

flag.Intやflag.String、flag.Parseはグローバル変数に格納されたフラグセットを使って処理されるため、複数回実行されるテストではフラグが重複定義されてしまいます。結果として、テストは常にエラーになってしまいます。runを作っておけば**リスト9.27**のように、commandLineをグローバル変数に置き、テストコードから毎回書き換えることができます。

リスト9.27　runを利用したCLIアプリのテストコード

```
package main

import (
    "flag"
    "os"
    "testing"
)

func TestFlagVar(t *testing.T) {
    tests := []struct {
        name string
        args []string
        want int
    }{
        {name: "test1", args: []string{"-name", "foo"}, want: 0},
        {name: "test2", args: []string{"-name", "foo", "-max", "1000"}, want: 1},
        {name: "test3", args: []string{"-name", "", "-max", "123"}, want: 1},
    }
    for _, tt := range tests {
        tt := tt
        t.Run(tt.name, func(t *testing.T) {
            commandLine = flag.NewFlagSet(os.Args[0], flag.ExitOnError)
            if got := run(tt.args); got != tt.want {
                t.Errorf("%v: run() = %v, want %v", tt.name, got, tt.want)
            }
        })
```

9

```
    }
}
```

urfave/cli

urfave/cli[注9.3]は筆者が最もよく使うコマンドラインパーサです。urfave/cliはもともとはcodegangsta/cliとして開発されていましたが、メンテナーが移行された経緯があります。

urfave/cliはアプリケーションを示すcli.Appとそれに追加するフラグ(Flags)、コマンド(Commands)で構成されます(**リスト9.28**)。

リスト9.28　urfave/cliの使用例

```
package main

import (
    "os"

    "github.com/urfave/cli/v2"
)

func main() {
    app := cli.NewApp()
    app.Flags = []cli.Flag{
        &cli.StringFlag{
            Name:    "config",
            Aliases: []string{"c"},
            Usage:   "Load configuration from `FILE`",
        },
    }
    app.Name = "score"
    app.Usage = "Show student's score"
    app.Run(os.Args)
}
```

このプログラムを実行すると以下が表示されます。

```
$ ./実行ファイル
NAME:
   score - Show student's score

USAGE:
   score [global options] command [command options] [arguments...]

COMMANDS:
   list     list students
```

注9.3　https://github.com/urfave/cli

```
   help, h  Shows a list of commands or help for one command

GLOBAL OPTIONS:
   --config FILE, -c FILE  Load configuration from FILE
   --help, -h              show help (default: false)
```

app.Flagsはグローバルなフラグとして作用します。また、urfave/cliはサブコマンドを取ることができます（リスト9.29）。

リスト9.29　urfave/cliの使用例（サブコマンド対応）

```
func main() {
    app := cli.NewApp()
    app.Flags = []cli.Flag{
        &cli.StringFlag{
            Name:    "config",
            Aliases: []string{"c"},
            Usage:   "Load configuration from `FILE`",
        },
    }
    app.Commands = []*cli.Command{
        {
            Name:  "list",
            Usage: "list students",
            Flags: []cli.Flag{
                &cli.BoolFlag{
                    Name:  "json",
                    Usage: "output as JSON",
                    Value: false,
                },
            },
            Action: cmdList,
        },
    }
    app.Name = "score"
    app.Usage = "Show student's score"
    app.Run(os.Args)
}
```

FlagsやCommandsは構造化されており、新しく追加したサブコマンドlistに対するフラグ-jsonを扱うことができます。

```
$ ./実行ファイル list -json
```

listコマンドが指定されるとAction、つまりcmdListが呼び出されます。cmdListは以下のように実装することができます。

```
func cmdList(c *cli.Context) error {
    if c.Bool("json") {
        return listStudentsAsJSON()
    }
    return listStudents()
}
```

このcには、appに足した-configの値（FILE）も`c.String("config")`から参照することができます。

```
$ ./実行ファイル -c fukuoka.cfg list -json
```

urfave/cliにはこのほかにも、CLIアプリケーションを作るうえで必要な機能がたくさんそろっています。

alecthomas/kingpin

alecthomas/kingpin[注9.4]は標準パッケージのflagに近い形式で、コードによるフラグ定義を行うスタイルのライブラリです（**リスト9.30**）。

リスト9.30　alecthomas/kingpinの使用例

```
package main

import (
    "os"
    "strings"

    "gopkg.in/alecthomas/kingpin.v2"
)

var (
    app      = kingpin.New("score", "Show student's score")
    debug    = app.Flag("debug", "Enable debug mode.").Bool()
    serverIP = app.Flag("server", "Server address.").Default("127.0.0.1").IP()

    register     = app.Command("register", "Register a new user.")
    registerNick = register.Arg("nick", "Nickname for user.").Required().String()
    registerName = register.Arg("name", "Name of user.").Required().String()

    post        = app.Command("post", "Post a message to a channel.")
    postImage   = post.Flag("image", "Image to post.").File()
    postChannel = post.Arg("channel", "Channel to post to.").Required().String()
```

注9.4　https://github.com/alecthomas/kingpin

```
    postText    = post.Arg("text", "Text to post.").Strings()
)

func main() {
    switch kingpin.MustParse(app.Parse(os.Args[1:])) {
    // Register user
    case register.FullCommand():
        println(*registerNick)

    // Post message
    case post.FullCommand():
        if *postImage != nil {
        }
        text := strings.Join(*postText, " ")
        println("Post:", text)
    }
}
```

サブコマンドに対して引数を2つ取るような形式であっても、柔軟に対応できるようになっています。urfave/cliの場合は、それが呼び出すActionの形式に合わせる必要があり、少しテストがしづらい面もありますが、kingpinの場合は自らがswitchで分岐していることから、urfave/cliよりもテストがしやすい形になっていると思います。

spf13/cobra

spf13/cobra[注9.5]は付属するcobraコマンドを使ってボイラーテンプレートが生成できる、とても人気がある便利なライブラリです。cobraを使うには、cobra-cliをインストールします。

```
$ go install github.com/spf13/cobra-cli@latest
```

まずは以下を実行してボイラーテンプレートコードを生成します。

```
$ cobra-cli init -l MIT -a "Go言語 好き太郎 golang@example.com>"
```

毎回指定するのが面倒であれば、以下のYAMLを~/.cobra.yamlとして保存しておくと良いでしょう。

```
---
license: MIT
author: Go言語 好き太郎 golang@example.com>
```

注9.5　https://github.com/spf13/cobra

これにより、次回からはcobra-cli initでフラグを指定しなくても良くなります。
コマンドを実行すると以下のディレクトリ構造が作成されます。

```
.
├── LICENSE
├── cmd
│   └── root.go
├── go.mod
├── go.sum
└── main.go
```

このままビルドすると、プログラムの実行結果は以下になります。

```
$ ./main
A longer description that spans multiple lines and likely contains
examples and usage of using your application. For example:

Cobra is a CLI library for Go that empowers applications.
This application is a tool to generate the needed files
to quickly create a Cobra application.
```

この定義はcmd/root.goに記述されています。

```
// rootCmd represents the base command when called without any subcommands
var rootCmd = &cobra.Command{
    Use:   "cobraapp",
    Short: "A brief description of your application",
    Long: `A longer description that spans multiple lines and likely contains
examples and usage of using your application. For example:

Cobra is a CLI library for Go that empowers applications.
This application is a tool to generate the needed files
to quickly create a Cobra application.`,
    // Uncomment the following line if your bare application
    // has an action associated with it:
    // Run: func(cmd *cobra.Command, args []string) { },
}
```

コマンド引数なしで起動した場合にはこの部分が実行されます。サブコマンドを追加するには以下を実行します。

```
$ cobra-cli add update
```

このコマンドを実行するとcmd/update.goが生成されます。./main updateを実行したときの処理は以下の部分に記述します。

```
// updateCmd represents the update command
var updateCmd = &cobra.Command{
	Use:   "update",
	Short: "A brief description of your command",
	Long: `A longer description that spans multiple lines and likely contains examples
and usage of using your command. For example:

Cobra is a CLI library for Go that empowers applications.
This application is a tool to generate the needed files
to quickly create a Cobra application.`,
	Run: func(cmd *cobra.Command, args []string) {
		fmt.Println("update called")
	},
}
```

cmd/update.goのinit関数をリスト9.31のように変更すると、--fooと--toggle（省略形は-t）というフラグが追加されます。

リスト9.31　spf13/cobraでフラグを追加（cmd/update.goのinit関数を編集）

```
func init() {
	rootCmd.AddCommand(updateCmd)

	updateCmd.PersistentFlags().String("foo", "", "A help for foo")
	updateCmd.Flags().BoolP("toggle", "t", false, "Help message for toggle")
}
```

以下のような実行結果となります。

```
$ ./main update -h
A longer description that spans multiple lines and likely contains examples
and usage of using your command. For example:

Cobra is a CLI library for Go that empowers applications.
This application is a tool to generate the needed files
to quickly create a Cobra application.

Usage:
  cobraapp update [flags]

Flags:
      --foo string   A help for foo
  -h, --help         help for update
  -t, --toggle       Help message for toggle
```

updateコマンド実行時に--fooの値を取るには、updateCmdをリスト9.32のように変更します。

リスト9.32 spf13/cobraで--fooフラグの値を取得(cmd/update.goのupdateCmdを編集)

```
var updateCmd = &cobra.Command{
	Use:   "update",
	Short: "A brief description of your command",
	Long: `A longer description that spans multiple lines and likely contains examples
and usage of using your command. For example:

Cobra is a CLI library for Go that empowers applications.
This application is a tool to generate the needed files
to quickly create a Cobra application.`,
	Run: func(cmd *cobra.Command, args []string) {
		if toggle, err := cmd.Flags().GetBool("toggle"); err == nil {
			println("toggle", toggle)
		}
		if foo, err := cmd.Flags().GetString("foo"); err == nil {
			println("foo", foo)
		}
		fmt.Println("update called")
	},
}
```

spf13/cobraはこのように、cobra-cliを使って便利に開発を進めることができます。

9.7 端末制御ライブラリ

CLIアプリケーションの中には、端末を制御して見栄えの良いUI(ユーザーインターフェース)を提供するものもあります。これらTUI(Text User Interface)向けのライブラリを使うことで、端末向けのアプリケーションが簡単に実装できます。Goは内部エンコーディングがUTF-8であり、WindowsやLinux、macOSなど異なるプラットフォームでもそれほど差異なく実装できるしくみがいろいろとそろっています。

olekukonko/tablewriter

olekukonko/tablewriter[注9.6]を使うと、端末で簡単に表を作ることができます(リスト9.33)。

注9.6 https://github.com/olekukonko/tablewriter

リスト9.33 olekukonko/tablewriterの使用例

```
package main

import (
    "os"

    "github.com/olekukonko/tablewriter"
)

func main() {
    data := [][]string{
        {"A", "The Good", "500"},
        {"B", "The Very very Bad Man", "288"},
        {"C", "The Ugly", "120"},
        {"D", "The Gopher", "800"},
    }

    table := tablewriter.NewWriter(os.Stdout)
    table.SetHeader([]string{"Name", "Sign", "Rating"})

    for _, v := range data {
        table.Append(v)
    }
    table.Render()
}
```

これを実行すると、端末で以下のように表示されます。

```
+------+-----------------------+--------+
| NAME |         SIGN          | RATING |
+------+-----------------------+--------+
| A    | The Good              |    500 |
| B    | The Very very Bad Man |    288 |
| C    | The Ugly              |    120 |
| D    | The Gopher            |    800 |
+------+-----------------------+--------+
```

デフォルトでは数字は右寄せ、それ以外は左寄せで表示されます。カラムごとにアライメントを変更したい場合はSetColumnAlignmentを使用します。

```
table := tablewriter.NewWriter(os.Stdout)
table.SetHeader([]string{"Name", "Sign", "Rating"})
table.SetColumnAlignment([]int{
    tablewriter.ALIGN_CENTER,
    tablewriter.ALIGN_DEFAULT,
    tablewriter.ALIGN_DEFAULT,
})
```

リスト9.33で上記のように書き換えると、以下のように表示されるようになります。

```
+------+----------------------+--------+
| NAME |         SIGN         | RATING |
+------+----------------------+--------+
|  A   | The Good             |    500 |
|  B   | The Very very Bad Man |    288 |
|  C   | The Ugly             |    120 |
|  D   | The Gopher           |    800 |
+------+----------------------+--------+
```

またヘッダの色を変更したい場合はSetHeaderColorを使います。

```
table.SetHeaderColor(
    tablewriter.Colors{tablewriter.Bold, tablewriter.BgGreenColor},
    tablewriter.Colors{tablewriter.FgHiRedColor, tablewriter.Bold, tablewriter.BgBlack
Color},
    tablewriter.Colors{tablewriter.BgRedColor, tablewriter.FgWhiteColor},
)
```

上記を加えると、白黒の紙面ではわかりにくいですが、図9.2のように表示されるようになります。

図9.2　SetHeaderColorの表示例

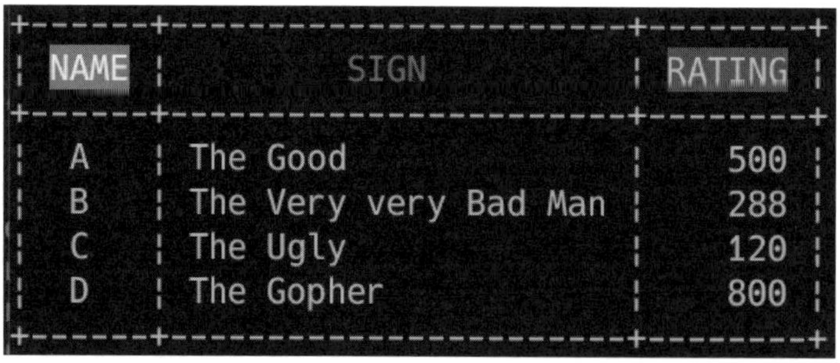

```
+------+----------------------+--------+
| NAME |         SIGN         | RATING |
+------+----------------------+--------+
|  A   | The Good             |    500 |
|  B   | The Very very Bad Man |    288 |
|  C   | The Ugly             |    120 |
|  D   | The Gopher           |    800 |
+------+----------------------+--------+
```

また表に合計欄を追加したい場合は、SetFooterを使います。

```
table.SetFooterAlignment(tablewriter.ALIGN_RIGHT)
table.SetFooter([]string{
    "", "", "427.0",
})
```

```
+------+----------------------+--------+
| NAME |         SIGN         | RATING |
+------+----------------------+--------+
|  A   | The Good             |    500 |
|  B   | The Very very Bad Man |   288 |
|  C   | The Ugly             |    120 |
|  D   | The Gopher           |    800 |
+------+----------------------+--------+
|                                427.0|
+------+----------------------+--------+
```

olekukonko/tablewriterを使うと、このように見栄えの良い表を簡単に実装することができます。

mattn/go-runewidth

日本語といった、1文字の幅がアスキー文字よりも大きな文字を扱う場合、単純な実装をしてしまうと表示が崩れてしまいます。そのような場合に便利なのがmattn/go-runewidthです。これは前述のolekukonko/tablewriterでも使われています。

たとえば、端末に表示する文字列にアスキー文字で下線を引きたい場合、文字列の幅を知る必要があります。そのような場合に使えるのがこのライブラリです（**リスト9.34**）。

リスト9.34　mattn/go-runewidthの使用例

```
package main

import (
    "fmt"
    "strings"

    "github.com/mattn/go-runewidth"
)

func main() {
    s := "Go言語でCLIアプリケーション作成"
    fmt.Println(s)
    width := runewidth.StringWidth(s)
    fmt.Println(strings.Repeat("~", width))
}
```

これを実行すると**図9.3**が表示されます。

図9.3　mattn/go-runewidthの実行例

```
Go言語でCLIアプリケーション作成
~~~~~~~~~~~~~~~~~~~~~~~~~~~~~~~
```

CJK (Chinese、Japanese、Korean) で扱われる、East Asian Ambiguous Width (東アジアのあいまい文字幅) も扱えるようになっているため、いろいろなCLI/TUIライブラリから使用されています。

それだけでなく、指定文字幅で文字列をカットしたり折り返したりすることができるAPIがそろっています。

```
fmt.Println(runewidth.Wrap(s, 11))
```

上記のように設定することで、指定幅での折り返しが可能です。

```
Go言語でCLI
アプリケー
ション作成
```

jroimartin/gocui

jroimartin/gocuiはGoで端末向けアプリケーションを作成するためのライブラリの1つです。画面を構成するためのビュー制御や、キーに対するアクションを登録するためのしくみが提供されています。リスト9.35を実行すると図9.4の画面が表示されます。

リスト9.35　jroimartin/gocuiの使用例

```
package main

import (
    "fmt"
    "log"

    "github.com/jroimartin/gocui"
)

func main() {
    g, err := gocui.NewGui(gocui.OutputNormal)
    if err != nil {
        log.Panicln(err)
    }
    defer g.Close()

    g.ASCII = true
```

```
	g.SetManagerFunc(layout)

	// CTRL-C で終了
	if err := g.SetKeybinding("", gocui.KeyCtrlC, gocui.ModNone, quit); err != nil {
		log.Panicln(err)
	}

	if err := g.MainLoop(); err != nil && err != gocui.ErrQuit {
		log.Panicln(err)
	}
}

func layout(g *gocui.Gui) error {
	s := `Go is an open source programming language
 that makes it simple to build secure,
scalable systems.`
	maxX, maxY := g.Size()
	if v, err := g.SetView("hello", maxX/2-21, maxY/2-2, maxX/2+21, maxY/2+2); err != nil {
		if err != gocui.ErrUnknownView {
			return err
		}
		fmt.Fprintln(v, s)
	}
	return nil
}

func quit(g *gocui.Gui, v *gocui.View) error {
	return gocui.ErrQuit
}
```

図9.4　リスト9.35の実行結果

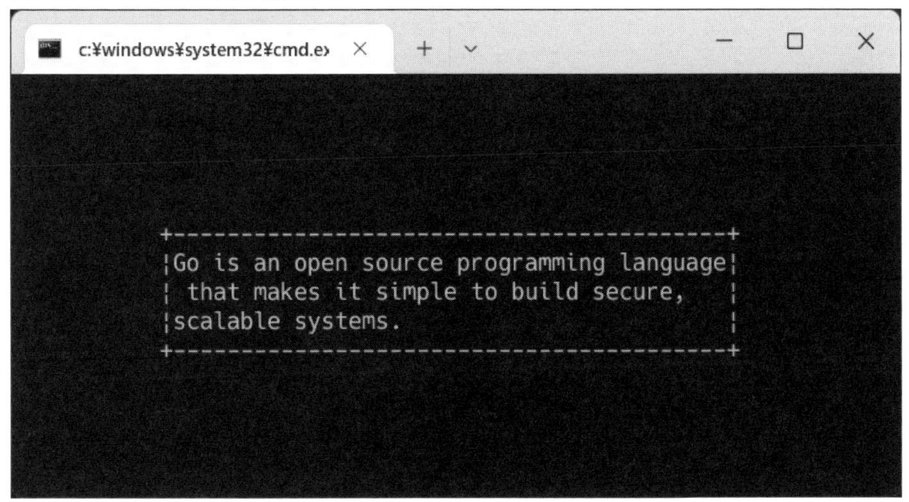

Ctrl-Cで終了できます。

◆ ◆ ◆

gocuiのほかにも、gizak/termui[注9.7]やrivo/tview[注9.8]など、端末でありながらリッチな画面を表示できるライブラリがたくさんあります。ぜひ試していただき、自分にあったライブラリを探してください。

9.8 まとめ

GoでCLIアプリケーションを開発する手順を解説しました。この例はあくまで、数あるCLIアプリケーション開発手法の1つでしかありません。しかしプログラムができあがるまでの大筋の雰囲気を味わっていただけたと思います。

また、テストの重要さやGoのテストスイート、各種ライブラリの便利さが少しでもみなさんにお伝えできたのならば幸いです。テストを書いて、バグの少ないプログラムを開発しましょう。

注9.7 https://github.com/gizak/termui
注9.8 https://github.com/rivo/tview

第10章

Goによる
Webアプリケーション開発

本章ではGoを使ってWebアプリケーションを作成する流れを、順を追って解説します。プログラムは簡単なTODOアプリです。TODOの投稿や削除、完了登録ができるものとします。また、リマインダのメールを送ってくれる実装も用意します。後半ではWebアプリケーションフレームワークをいくつか紹介します。

10.1 システムのコンセプト

本プログラムの構成は表10.1のとおりです。

表10.1 本章で作るプログラムの構成

プログラム	説明
todo-webapp	TODOアプリケーション
todo-notify	リマインダメール送信

データベースにはPostgreSQLを使います。コードは筆者のGitHub[注10.1]で公開しています。

10.2 TODOアプリケーション

まずはWebアプリケーション本体を作成します。フレームワークとしてはlabstack/echoを使い、テンプレートエンジンとしてはhtml/templateを使います。データベース操作はORMのuptrace/bunを使います。今回はhtml/templateを使う前提ですのでSPA (Single Page Application) ではありません。

ルーティングは表10.2のとおりです。

表10.2 TODOアプリケーションのルーティング

パス	説明	メソッド
/	トップページ、TODO一覧	GET/POST
/static	静的ファイル配信	GET

Webサーバ

まずは以下のコマンドを実行してプロジェクトを初期化します。

注10.1 https://github.com/mattn/todo-notify

```
$ go mod init github.com/mattn/todo-webapp
go: creating new go.mod: module github.com/mattn/todo-webapp
```

エディタでmain.goを開き**リスト10.1**を実装します。echoのひな形になります。

リスト10.1　TODOアプリのひな形

```
package main

import (
    "net/http"

    "github.com/labstack/echo/v4"
)

func main() {
    e := echo.New()
    e.GET("/", func(c echo.Context) error {
        return c.String(http.StatusOK, "")
    })
    e.Logger.Fatal(e.Start(":8989"))
}
```

以下を実行してパッケージを取得します。

```
$ go mod tidy
```

最初にTODO一覧を作ります。TODOアプリで扱う項目は、本文、完了フラグ、作成日時、期日くらいです。structで表現するのであれば以下になります。

```
type Todo struct {
    ID        int64
    Content   string
    Done      bool
    Until     time.Time
    CreatedAt time.Time
}
```

ORMのbunでこのTodoを扱うためには、bun.BaseModelを内包している必要があります。また、bunが各フィールドをテーブルとどのように紐づけるかを示すためにタグを設定する必要があります。bunから扱えるように**リスト10.2**のように変更します。

リスト 10.2　TODOアプリの項目を表現するstruct

```
type Todo struct {
    bun.BaseModel `bun:"table:todos,alias:t"`

    ID        int64     `bun:"id,pk,autoincrement"`
    Content   string    `bun:"content,notnull"`
    Done      bool      `bun:"done"`
    Until     time.Time `bun:"until,nullzero"`
    CreatedAt time.Time
    UpdatedAt time.Time `bun:",nullzero"`
    DeletedAt time.Time `bun:",soft_delete,nullzero"`
}
```

まず、bun.BaseModelはこのstructと実際のテーブルの紐づきを定義しています。テーブル名はtodos、省略名はtです。tはSQLで複数のテーブルを扱う際に付けられる別名です。以下で示すtやuがそれにあたります。

```
SELECT
    t.id,
    u.name
FROM
    todos t,
    users u
WHERE
    t.user_id = u.id
ORDER BY
    t.id
```

なお、今回作成するアプリケーションはマルチユーザー対応ではありませんので、usersテーブルは作成しません。CreatedAt、UpdatedAt、DeletedAtはbunの機能を使って作成日時、更新日時、削除日時（論理削除）を実装するためのものです。

それではリスト10.2を使い、PostgreSQLに接続してテーブルを自動で作成するところまでを実装します（**リスト10.3**）。

リスト 10.3　PostgreSQLに接続してテーブルを自動で作成

```
package main

import (
    "database/sql"
    "log"
    "net/http"
    "os"
    "time"
```

```
	_ "github.com/lib/pq"

	"github.com/labstack/echo/v4"
	"github.com/uptrace/bun"
	"github.com/uptrace/bun/dialect/pgdialect"
	"github.com/uptrace/bun/extra/bundebug"
)

type Todo struct {
	bun.BaseModel `bun:"table:todos,alias:t"`

	ID        int64     `bun:"id,pk,autoincrement"`
	Content   string    `bun:"content,notnull"`
	Done      bool      `bun:"done"`
	Until     time.Time `bun:"until,nullzero"`
	CreatedAt time.Time
	UpdatedAt time.Time `bun:",nullzero"`
	DeletedAt time.Time `bun:",soft_delete,nullzero"`
}

func main() {
	sqldb, err := sql.Open("postgres", os.Getenv("DATABASE_URL"))
	if err != nil {
		log.Fatal(err)
	}
	defer sqldb.Close()

	db := bun.NewDB(sqldb, pgdialect.New())
	defer db.Close()

	db.AddQueryHook(bundebug.NewQueryHook(
		//bundebug.WithVerbose(true),
		bundebug.FromEnv("BUNDEBUG"),
	))

	ctx := context.Background()
	_, err = db.NewCreateTable().Model((*Todo)(nil)).IfNotExists().Exec(ctx)
	if err != nil {
		log.Fatal(err)
	}

	e := echo.New()
	e.GET("/", func(c echo.Context) error {
		return c.String(http.StatusOK, "")
	})
	e.Logger.Fatal(e.Start(":8989"))
}
```

環境変数DATABASE_URLにPostgreSQLの接続文字列を設定しておいてください。このプログ

10

ラムを実行すると、データベースにtodosというテーブルが自動で作成されます。

```
                              テーブル"public.todos"
     列     |            型            | 照合順序 | Null 値を許容 |          デフォルト
------------+--------------------------+----------+---------------+-----------------------------------
 id         | bigint                   |          | not null      | nextval('todos_id_seq'::regclass)
 content    | character varying        |          | not null      |
 done       | boolean                  |          |               |
 until      | timestamp with time zone |          |               |
 created_at | timestamp with time zone |          |               |
 updated_at | timestamp with time zone |          |               |
 deleted_at | timestamp with time zone |          |               |
インデックス:
    "todos_pkey" PRIMARY KEY, btree (id)
```

bunには、構造を変更した際に実際のテーブルも変更してくれるマイグレーション機能もあります。go-bun/bun-starter-kitの実装が参考になります[注10.2]。

リクエストハンドラ

HTTPリクエストに対するデータの処理を行います。まずはTODOアプリで必要なデータベース操作を解説します。bunでTodoの一覧を得るには以下を実行します。

```
var todos []Todo
ctx := context.Background()
err := db.NewSelect().Model(&todos).Order("created_at").Scan(ctx)
if err != nil {
    return err
}
```

とても直感的ですね。リスト10.2のような`bun:",soft_delete"`タグを付けたフィールドを持つstructの場合は、deleted_atカラムがNULLのレコードのみが抽出されます。

次に、データベースへの登録の処理は以下を実行します。

```
_, err = db.NewInsert().Model(&todo).Exec(ctx)
if err != nil {
    return err
}
```

注10.2 https://github.com/go-bun/bun-starter-kit

更新の場合は以下を実行します。

```
var orig Todo
err = db.NewSelect().Model(&orig).Where("id = ?", todo.ID).Scan(ctx)
if err != nil {
    c.Error(errors.New("not found"))
    return nil
}
orig.Done = todo.Done
_, err = db.NewUpdate().Model(&orig).Where("id = ?", todo.ID).Exec(ctx)
```

更新の場合は、すでにあるレコードを取得し、必要な項目のみ上書き更新します。こうすることで、画面から送信される項目にTodoのすべてを乗せる必要がなくなります。

最後に削除は以下を実行します。

```
_, err = db.NewDelete().Model(&todo).Where("id = ?", todo.ID).Exec(ctx)
```

以上の処理をまとめた、echoのリクエストハンドラに対するデータベース処理は**リスト10.4**のとおりです。

リスト10.4 echoのリクエストハンドラに対するデータベース処理

```
e := echo.New()

e.GET("/", func(c echo.Context) error {
    var todos []Todo
    ctx := context.Background()
    err := db.NewSelect().Model(&todos).Order("created_at").Scan(ctx)
    if err != nil {
        e.Logger.Error(err)
        return c.Render(http.StatusBadRequest, "index", Data{
            Errors: []error{errors.New("Cannot get todos")},
        })
    }
    return c.Render(http.StatusOK, "index", Data{Todos: todos})
})
e.POST("/", func(c echo.Context) error {
    var todo Todo
    // フォームパラメータをフィールドにバインド
    errs := echo.FormFieldBinder(c).
        Int64("id", &todo.ID).
        String("content", &todo.Content).
        Bool("done", &todo.Done).
        CustomFunc("until", customFunc(&todo)).
        BindErrors()
    if errs != nil {
```

10

```
        e.Logger.Error(err)
        return c.Render(http.StatusBadRequest, "index", Data{Errors: errs})
    } else if todo.ID == 0 {
        // IDが0のときは登録
        ctx := context.Background()
        if todo.Content == "" {
            err = errors.New("Todo not found")
        } else {
            _, err = db.NewInsert().Model(&todo).Exec(ctx)
            if err != nil {
                e.Logger.Error(err)
                err = errors.New("Cannot update")
            }
        }
    } else {
        ctx := context.Background()
        if c.FormValue("delete") != "" {
            // 削除
            _, err = db.NewDelete().Model(&todo).Where("id = ?", todo.ID).Exec(ctx)
        } else {
            // 更新
            var orig Todo
            err = db.NewSelect().Model(&orig).Where("id = ?", todo.ID).Scan(ctx)
            if err == nil {
                orig.Done = todo.Done
                _, err = db.NewUpdate().Model(&orig).Where("id = ?", todo.ID).Exec(ctx)
            }
        }
        if err != nil {
            e.Logger.Error(err)
            err = errors.New("Cannot update")
        }
    }
    if err != nil {
        return c.Render(http.StatusBadRequest, "index", Data{Errors: []error{err}})
    }
    return c.Redirect(http.StatusFound, "/")
})
```

リクエストフォームパラメータのバインドにはecho.FormFieldBinderを使っています。本来、echoはstructのフィールドタグを下記のように設定することで、c.Bindを使ってPOSTフォームをstructにバインドすることができます。

```
type Todo struct {
    bun.BaseModel `bun:"table:todos,alias:t"`

    ID        int64     `bun:"id,pk,autoincrement" form:"id"`
```

```
    Content   string    `bun:"content,notnull" form:"content"`
    Done      bool      `bun:"done" form:"done"`
    Until     time.Time `bun:"until,nullzero" form:"until"`
    CreatedAt time.Time
    UpdatedAt time.Time `bun:",nullzero"`
    DeletedAt time.Time `bun:",soft_delete,nullzero"`
}

(..略..)

var todo Todo
err := c.Bind(&todo)
```

とても簡単で便利です。ただし、今回はTODOの期限を入力するためにHTML5の`<input type="date">`タグを用いて日時入力を行います。このinputタグがPOSTで送信してくるのは「2022-11-03T15:42」といった日時の形式であるため、echoが使っているtime.Parseの日付書式ではパースすることができません。そこで、カスタムバインダを使ってレイアウトを指定してBindする必要があります。さらに、入力される日時文字列にはタイムゾーンが付与されていません。customFuncの実装では、**リスト10.5**のようにJSTを付与してパースすることで日本時間で扱えるようにします。

リスト10.5　customFuncの実装

```
func customFunc(todo *Todo) func([]string) []error {
    return func(values []string) []error {
        if len(values) == 0 || values[0] == "" {
            return nil
        }
        dt, err := time.Parse("2006-01-02T15:04 MST", values[0]+" JST")
        if err != nil {
            return []error{echo.NewBindingError("until", values[0:1], "failed to
 decode time", err)}
        }
        todo.Until = dt
        return nil
    }
}
```

Int64やStringがアドレスを渡して書き換えるインターフェースになっているリスト10.4と異なり、customFuncには戻り値や参照引数で更新された値を返すしくみがありません。そこで更新対象の変数の参照を引数に取りつつ、クロージャを返す関数にすることで、見た目のきれいな実装にしています。

テンプレート処理

echoでテンプレートを扱うにはRenderメソッドを持った実装をe.Rendererに設定する必要があります。今回は日付を「2006-01-02 15:04」の形式で表示するためのテンプレート関数FormatDateTimeを**リスト10.6**のように実装しました。

リスト10.6　FormatDateTimeの実装

```
type Template struct {
    templates *template.Template
}

func (t *Template) Render(w io.Writer, name string, data interface{}, c echo.Context)
 error {
    return t.templates.ExecuteTemplate(w, name, data)
}

func formatDateTime(d time.Time) string {
    if d.IsZero() {
        return ""
    }
    return d.Format("2006-01-02 15:04")
}

(..略..)

e.Renderer = &Template{
    templates: template.Must(template.New("").
        Funcs(template.FuncMap{
            "FormatDateTime": formatDateTime,
        }).ParseFS(templates, "templates/*")),
}
```

こうすることで、echoからは以下のようにindexテンプレートにvalueを渡し、FormatDateTime関数を呼び出せるようになります。

```
return c.Render(http.StatusBadRequest, "index", value)
```

```
{{FormatDateTime .}}
```

サーバ側の処理ではエラーが発生する箇所がいくつかありますが、本アプリケーションではエラーを画面の一部に表示したいと思います。サーバ側が処理した正常な結果、または複数のエラーを一度に返せるように以下のstructを実装します。

```
type Data struct {
    Todos  []Todo
    Errors []error
}
```

Todosは取得したTODOアイテムの一覧、Errorsはサーバ側で発生したerrorの一覧です。これをテンプレートに渡すことでブラウザにTODO一覧を表示したり、入力エラーを表示したりすることができます。テンプレートの実装は**リスト10.7**のとおりです。

リスト10.7　TODOアプリのテンプレート

```
{{define "index"}}
<!DOCTYPE html>
<html lang="en">
<head>
<meta charset="utf8" />
<meta name="viewport" content="width=device-width,initial-scale=1" />
<title>Todo List</title>
<link rel="stylesheet" type="text/css" href="/static/style.css" media="all" />
</head>
<body>
<h1>TODO</h1>

<!-- エラーの一覧 -->
{{range .Errors}}
  <p><em class="error">{{.}}</em></p>
{{end}}

<!-- TODO の一覧 -->
<ul class="todo-overview-list">
{{range .Todos}}
<li>
<form action="/" method="post">
<input type="hidden" name="id" value="{{.ID}}" />
<input type="hidden" name="done" value="{{if .Done}}0{{else}}1{{end}}" />
<p class="{{if .Done}}todo-done{{end}}">{{.Content}}
  <span class="controls">
  {{if .Until}}{{FormatDateTime .Until}}{{end}}
  <input type="submit" id="update" name="update" class="update" value="{{if .Done}}未
完了{{else}}完了{{end}}" />
  <input type="submit" id="delete" name="delete" class="delete" value="削除" />
  </span>
</p>
</form>
</li>
{{end}}
</ul>
```

10

```
<!-- 入力エリア -->
<form action="/" method="post" id="add-todo">
<input type="hidden" name="id" value="" />
<p>
  <input type="text" class="content" name="content" placeholder="What you should do?
" autofocus required />
  <span class="controls">
  <input type="datetime-local" class="until" name="until" value="" />
  <input type="submit" class="add" value="登録" />
  </span>
</p>
</form>

</body>
</html>
{{end}}
```

静的ファイルのサーブ

HTMLにはインラインCSSを持たせず、外部のCSSファイルを使用しています。echoで静的ファイルを扱う場合には以下のように実装することで簡単に実現できます。

```
e.Static("/static", "assets")
```

ただし、今回はデプロイを楽にするためにembedにこだわりました。templateファイルだけでなく、CSSファイルもすべて実行ファイルに埋め込んでしまいたいので、embedされたファイルシステムを配信するようにしました。

```
staticFs, err := fs.Sub(static, "static")
if err != nil {
    log.Fatal(err)
}
fileServer := http.FileServer(http.FileSystem(http.FS(staticFs)))
e.GET("/static/*", echo.WrapHandler(http.StripPrefix("/static/", fileServer)))
```

これにより、ビルドされた実行ファイル1つをコピーするだけで、どこでも動作するようになります。これでWebアプリケーションが実装できました（図10.1）。

図10.1　TODOアプリの画面

10.3 リマインダメール送信

このTODOアプリケーションにはTODOの期限が用意されています。これを使い、TODOを忘れないようにリマインダメールを送信するアプリケーションを作ります。

まずは以下のコマンドを実行してプロジェクトを初期化します。

```
$ go mod init github.com/mattn/todo-notify
go: creating new go.mod: module github.com/mattn/todo-notify
```

エディタでmain.goを開き**リスト10.8**を実装します。echoのひな形になります。

リスト10.8　リマインダメール送信プログラムのひな形

```
package main

import (
    "database/sql"
    "log"
    "os"
    "time"

    _ "github.com/lib/pq"
    "github.com/uptrace/bun"
    "github.com/uptrace/bun/dialect/pgdialect"
)

type Todo struct {
```

```
    bun.BaseModel `bun:"table:todos,alias:t"`

    ID        int64     `bun:"id,pk,autoincrement"`
    Content   string    `bun:"content,notnull"`
    Done      bool      `bun:"done"`
    Until     time.Time `bun:"until,nullzero"`
    CreatedAt time.Time
    UpdatedAt time.Time `bun:",nullzero"`
    DeletedAt time.Time `bun:",soft_delete,nullzero"`
}

func main() {
    sqldb, err := sql.Open("postgres", os.Getenv("DATABASE_URL"))
    if err != nil {
        log.Fatal(err)
    }
    defer sqldb.Close()

    db := bun.NewDB(sqldb, pgdialect.New())
    defer db.Close()
}
```

以下を実行してパッケージを取得します。

```
$ go mod tidy
```

リマインダとして送信したいものは、Todo structのうち、untilがNULLではなくdoneがfalseのものです。よってTodoの抽出は**リスト10.9**の実装になります。

リスト10.9　リスト10.8のmain関数を変更

```
func main() {
    sqldb, err := sql.Open("postgres", os.Getenv("DATABASE_URL"))
    if err != nil {
        log.Fatal(err)
    }
    defer sqldb.Close()

    db := bun.NewDB(sqldb, pgdialect.New())
    defer db.Close()

    // TODO 抽出
    var todos []Todo
    ctx := context.Background()
    err = db.NewSelect().Model(&todos).Order("created_at").Where("until is not null"
).Where("done is false").Scan(ctx)
    if err != nil {
        log.Fatal(err)
```

```
    }
    if len(todos) == 0 {
        return
    }

    // メール送信
    from := mail.Address{Name: "TODO Reminder", Address: os.Getenv("MAIL_FROM")}
    var buf bytes.Buffer
    buf.WriteString("From: " + from.String() + "\r\n")
    buf.WriteString("To: " + os.Getenv("MAIL_TO") + "\r\n")
    buf.WriteString("Subject: TODO Reminder\r\n")
    buf.WriteString("\r\n")
    buf.WriteString("This is your todo list\n\n")
    for _, todo := range todos {
        fmt.Fprintf(&buf, "%s %s\n", todo.Until, todo.Content)
    }

    smtpAuth := smtp.PlainAuth(
        os.Getenv("MAIL_DOMAIN"),
        os.Getenv("MAIL_USER"),
        os.Getenv("MAIL_PASSWORD"),
        os.Getenv("MAIL_AUTHSERVER"),
    )
    err = smtp.SendMail(
        os.Getenv("MAIL_SERVER"),
        smtpAuth,
        from.Address,
        []string{os.Getenv("MAIL_TO")},
        buf.Bytes())
    if err != nil {
        log.Fatal(err)
    }
}
```

net/mailパッケージとnet/smtpパッケージを使い、抽出したTodoをメール送信します（**リスト10.10**）。

リスト10.10　メール送信プログラム

```
from := mail.Address{Name: "TODO Reminder", Address: os.Getenv("MAIL_FROM")}
var buf bytes.Buffer
buf.WriteString("From: " + from.String() + "\r\n")
buf.WriteString("To: " + os.Getenv("MAIL_TO") + "\r\n")
buf.WriteString("Subject: TODO Reminder\r\n")
buf.WriteString("\r\n")
buf.WriteString("This is your todo list\n\n")
for _, todo := range todos {
    fmt.Fprintf(&buf, "%s %s\n", todo.Until, todo.Content)
```

```
}

smtpAuth := smtp.PlainAuth(
    os.Getenv("MAIL_DOMAIN"),
    os.Getenv("MAIL_USER"),
    os.Getenv("MAIL_PASSWORD"),
    os.Getenv("MAIL_AUTHSERVER"),
)
err = smtp.SendMail(
    os.Getenv("MAIL_SERVER"),
    smtpAuth,
    from.Address,
    []string{os.Getenv("MAIL_TO")},
    buf.Bytes())
if err != nil {
    log.Fatal(err)
}
```

これをcronで1日1回実行するなどすれば、未完了で期限付きのTodoがメール送信されます（図10.2）。

図10.2　送信されるメールの文面

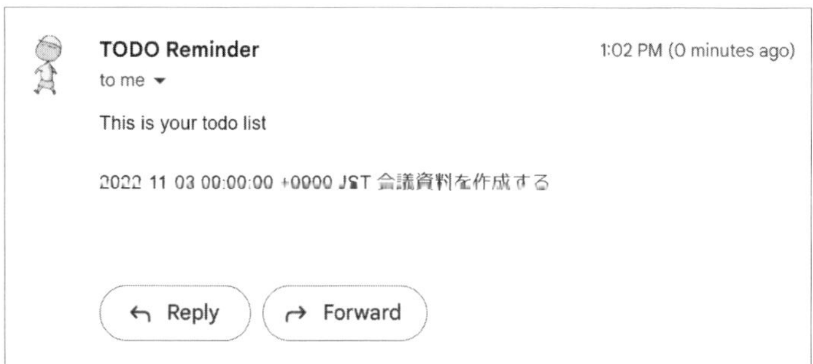

crontabに登録する場合は以下のように記述すると良いでしょう。

```
MAIL_FROM=todo-from@example.com
MAIL_TO=todo-to@example.com
MAIL_DOMAIN=example.com
MAIL_USER=user
MAIL_PASSWORD=password
MAIL_AUTHSERVER=auth.example.com
MAIL_SERVER=mail.example.com
DATABASE_URL=db.example.com
0 0 * * * /path/to/todo-notify
```

10.4 Goにおけるフレームワーク

Webアプリケーションを開発する際は、Go標準で用意されているnet/httpを使うだけで、おおよそのアプリケーションを開発することができます。net/httpはHTTPを扱ううえで必要な機能をそろえていますが、一般的なWebアプリケーションフレームワークが持ち合わせるような以下の機能を持っていません。

- 簡素なサーバ向けRESTfull API
- パラメータを受け取れるルーティング
- グループ化されたルーティング
- 形式化されたミドルウェア

Webアプリケーションフレームワークを導入し、そのフレームワークが引いたレールの上に乗って開発するほうが、アプリケーション構築をスムーズに進められたり、コード量を少なくすることができたり、フレームワークが提供する拡張を簡単に導入したりすることができます。また、セキュリティ問題が発生した場合はフレームワーク側が対応してくれるなどのメリットもあります。

Goにもたくさんのフレームワークがあります。著名なGoのフレームワークの一覧を示します(**表10.3**)。

表10.3 著名なGoのWebアプリケーションフレームワーク

名称	規模	ベース	URL
Micro	軽	net/http	https://micro.dev/
Gin	軽	net/http	https://gin-gonic.com/ja/
Echo	軽	net/http	https://echo.labstack.com/
Fiber	軽	fasthttp	https://github.com/gofiber/fiber
Go Kit	中	net/http	https://gokit.io
Gorilla	中	net/http	https://www.gorillatoolkit.org/
Beego	中	net/http	https://github.com/beego/beego

このほかにもGoにはたくさんのWebフレームワークがあり、好みによって選択することができます。

Gin

とても人気の高いWebアプリケーションフレームワークです。APIサーバを実装するのに向いています。Goの他のWebフレームワークと比較してもパフォーマンスが良く、開発も活発です。

Echo

Labstack社が開発するWebアプリケーションフレームワークです。高いパフォーマンスと拡張性、ミニマリスト向けという点を売りにしており、多くのユーザーから使われています。本書でも何度か登場しています。HTTPフレームワークとして必要な機能は一通りそろっており、CORS (Cross-Origin Resource Sharing) やCSRF (Cross-Site Request Forgeries) といった機能を簡単に足すことができるミドルウェアも充実しています[注10.3]。とくにドキュメントが良く整備されており、開発の際に困ることはほぼありません。

Micro

MicroはWebアプリというよりもバックエンドサービスを開発するためのフレームワークで、RPCで通信するサービスアプリケーションを構築することができます。Microはgo-microというCLIを提供しており、簡単にサービスを作成できます。go-microは以下の手順でインストールします。

```
$ go install github.com/go-micro/cli/cmd/go-micro@latest
```

まず以下のコマンドを実行し、helloworldサービスを作成します。

```
$ go-micro new service helloworld
$ cd helloworld
$ make init proto update tidy
```

※残念ながら、執筆時点ではgo-microはWindowsで正しくビルドすることができません

そしてサービスを起動します。

```
$ go-micro run
```

handler/helloworld.goは**リスト10.11**のような実装になっています。

注10.3 https://echo.labstack.com/middleware/

リスト10.11　handler/helloworld.go

```
type Helloworld struct{}

func (e *Helloworld) Call(ctx context.Context, req *pb.CallRequest, rsp *pb.Call
Response) error {
    logger.Infof("Received Helloworld.Call request: %v", req)
    rsp.Msg = "Hello " + req.Name
    return nil
}
```

受け取った引数からNameを取り出し、Helloを付けて返すサンプルコードになっています。コマンドラインからこのCallを呼び出すには以下を実行します。

```
$ go-micro call helloworld Helloworld.Call '{"name": "John"}'
{"msg":"Hello John"}
```

次に別の端末を開いて、今度は呼び出し側を作成します。

```
$ go-micro new client helloworld
$ cd helloworld-client
$ cp -r ../helloworld/proto . # protoを持ってくる
$ make tidy
```

実装は**リスト10.12**のようになります。

リスト10.12　helloworld-client/main.go

```
c := pb.NewHelloworldService(service, srv.Client())

for {
    // Call service
    rsp, err := c.Call(context.Background(), &pb.CallRequest{Name: "John"})
    if err != nil {
        logger.Fatal(err)
    }

    logger.Info(rsp)

    time.Sleep(1 * time.Second)
}
```

以下のコマンドでクライアントを実行します。

```
$ go-micro run
2022-12-14 09:20:36  file=helloworld-client/main.go:36 level=info msg:"Hello John"
2022-12-14 09:20:37  file=helloworld-client/main.go:36 level=info msg:"Hello John"
```

```
2022-12-14 09:20:38  file=helloworld-client/main.go:36 level=info msg:"Hello John"
2022-12-14 09:20:39  file=helloworld-client/main.go:36 level=info msg:"Hello John"
2022-12-14 09:20:40  file=helloworld-client/main.go:36 level=info msg:"Hello John"
2022-12-14 09:20:41  file=helloworld-client/main.go:36 level=info msg:"Hello John"
```

クライアントを**リスト10.13**のように変更するとストリーム形式のRPCも実行できます。

リスト10.13 リスト10.12をストリーム形式のRPC対応に

```
stream, err := c.ServerStream(context.Background(), &pb.ServerStreamRequest{Count: 3})
if err != nil {
    logger.Fatal(err)
}
defer stream.Close()

for i := 0; i < 3; i++ {
    var value map[string]int
    err = stream.RecvMsg(&value)
    if err != nil {
        break
    }
    fmt.Println(value["count"])
}
```

Microを使ってserviceとRPC通信できていることが確認できました。このようにMicroは、バックエンドサービスを開発する際に必要なRPCを簡単に取り扱うことができるようになっています。

Beego

BeegoはGoの初期から存在する有名なWebフレームワークで、多くのユーザーから使われています。BeegoはORMやadmin（管理者用のライブラリ）、config（設定ファイル）、task（タスク管理）、i18n（国際化）といった、Webアプリケーションに限らない、システムを構築するうえで必要になるであろうあらゆるものがそろっています。

とくにtaskには、cron形式で処理を実行する際に便利なライブラリがあります。**リスト10.14**のコードでは3秒ごとにtk1がログ出力されます。たとえば、夜間バッチ処理を実行する際に便利です。

リスト10.14 Beegoのtaskの使用例

```
package main

import (
    "context"
```

```
    "time"

    "github.com/beego/beego/v2/core/logs"
    "github.com/beego/beego/v2/task"
)

func main() {
    // create a task
    tk1 := task.NewTask("tk1", "0/3 * * * * *", func(ctx context.Context) error {
        logs.Info("tk1")
        return nil
    })

    // check task
    err := tk1.Run(context.Background())
    if err != nil {
        logs.Error(err)
    }

    // add task to global todolist
    task.AddTask("tk1", tk1)

    // start tasks
    task.StartTask()
    defer task.StopTask()

    // wait 12 second
    time.Sleep(12 * time.Second)
}
```

さらにBeegoのロガーにはファイルサイズや行数でローテートするしくみも用意されており、本格的なアプリケーションを作成するのに向いています（リスト10.15）。

リスト10.15　Beegoのlogsの使用例

```
package main

import (
    "github.com/beego/beego/v2/core/logs"
)

func main() {
    log := logs.NewLogger(10000)
    log.SetLogger(logs.AdapterMultiFile, `{
        "filename":"./foo.log",
        "daily":true,
        "maxlines":10000,
        "rotate":true
    }`)
```

10

```
    for i := 0; i < 100; i++ {
        log.Info("Hello, World!")
    }
}
```

このソースコードを実行すると、以下のように日付と連番が付与されたログファイルが生成されます。

```
foo.log
foo.2022-12-07.001.log
foo.2022-12-07.002.log
foo.2022-12-07.003.log
(..略..)
```

フレームワークの選定について

Beegoに限らず、GoのWebアプリケーションフレームワークは一見、フルスタックフレームワークのように見えますが、機能のほとんどは切り離しが可能で、これらの中の一部品を使って個別にアプリケーションを作成することが可能になっています。

Goは一般的にWeb APIの開発に向いていると言われており、フレームワークは軽量なものから中規模のものが多いです。とはいえ大規模な開発に向いていないのかというと、そういうわけでもありません。GoのWebフレームワークはnet/httpが提供するhttp.Handlerのしくみに沿って作られていることが多く、そのしくみが簡素なインターフェースを提供するがゆえに、フレームワークのミドルウェアも自然と簡素に見えている、という一面があります。

各フレームワークごとに特色があります。ルーティングに重きを置いていたり、パラメータの取得に重きを置いていたりと、用途はさまざまです。ご自分にあったフレームワークを選んでください。

表10.3の中で、Fiberだけはnet/httpではなくfasthttpというライブラリをベースに作られています。net/httpより速いですが、net/httpと互換性がないため、net/httpの機能を使っている他のライブラリとの連携には細工が必要になります。

フレームワークを選定する際には、使い勝手にも考慮が必要ですが、やはりベンチマーク計測も考慮すべきです。HTTPのベンチマークを取るツールはたくさんありますが、筆者のお勧めは以下の2つです。

- https://github.com/ddosify/ddosify
- https://github.com/rakyll/hey

どちらもHTTPプロトコルだけでなく、DNSの名前引きや接続時間も計測できます。ddosifyは

TLS通信にかかった時間も計測できます(図10.3)。

図10.3　ddosifyによるベンチマーク例

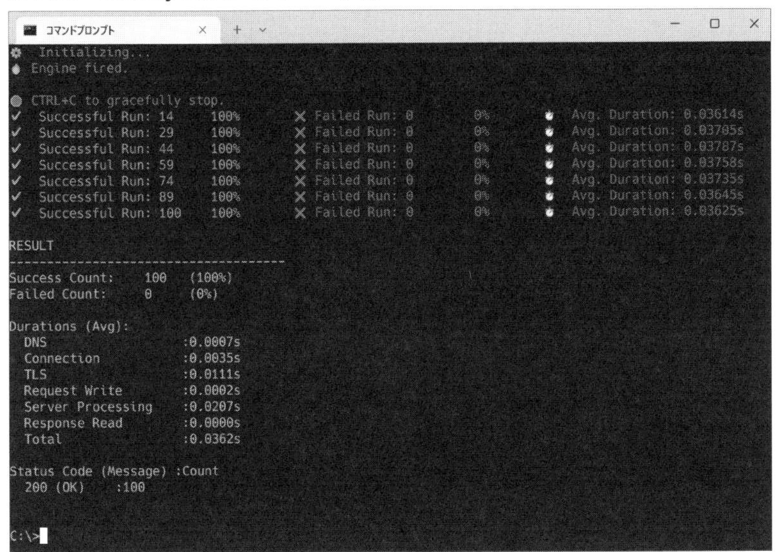

フレームワークは一度使うと多少なりともロックインされることになります。パフォーマンスだけではなく、運用するうえでの取り扱いやすさなどを考え、自分にとってベストなフレームワークを選んでください。

10.5　まとめ

Webアプリケーションフレームワークのecho、ORMのbunを使ってTODO Webアプリケーションを作成しました。また、リマインダメールを送信するプログラムも作りました。また、後半ではそれ以外のフレームワークを紹介しました。難しいと思われがちなGoのWebアプリケーションも、フレームワークを使うことで簡単に実装できることがおわかりいただけたと思います。

こういったGoのアプリケーションをしばらく運用してみるとわかると思いますが、Goのスタティックバイナリは運用ととても相性が良く、実行中にOSのパッケージをアップグレードしてもほぼ干渉しません。Goは他のライブラリを参照していないので、ソフトウェアのバージョンがアップデートされても影響しないからです。ここもGoが実務で使われている理由の1つです。

第11章

GitHubでの開発における勘所

第3章にてGoモジュールについて簡単に解説しました。第3章の解説はあくまでローカルでの開発方法であり、開発したパッケージまたはモジュールを他のユーザーに使ってもらう想定ではありませんでした。本章では、GitHubにリポジトリを作成し、みなさんが作成するであろうライブラリを他のユーザーに使ってもらう想定の開発方法を解説します。

11.1 ライブラリの仕様

本章の解説では、リポジトリ名を以下と仮定します。

https://github.com/mattn/go-hsd

ユーザーから渡された2つの文字列から、文字列の距離を求めるライブラリを作ります。なるべく解説が簡単になるよう、ハミング距離[注11.1]を例にします。ハミング距離は2つの同じ長さの文字列の距離を計算するアルゴリズムで、以下の「距離の公理」を満たすよう実装します。

```
dist(a, b) = dist (b, a)
```

```
dist(a, b) ≦ dist(a, c) + dist(b, c)
```

11.2 プロジェクトの作成

まずはプロジェクトを初期化します。プロジェクトのディレクトリを作成し、`go mod init`を実行します。

```
$ mkdir go-hsd
$ cd go-hsd
$ go mod init github.com/mattn/go-hsd
```

実行すると以下のgo.modが生成されます。

```
module github.com/mattn/go-hsd

go 1.20
```

注11.1 https://ja.wikipedia.org/wiki/ハミング距離

go mod initの引数にはモジュール名を指定します。Goではモジュール名として、VCSのリポジトリ名と、そのリポジトリ名からの相対パスで作られる「モジュールパス」で指定することができます。これは第3章で紹介したgo getに際して意味をなします。

go getを実行すると、Goはパッケージをダウンロードしますが、デフォルトではSemantic Versioningでタグ付けされた最終のバージョンが取得されます。これは最終のコミットではありません。タグが設定されていない場合はv0.0.0とすることで最終コミットが得られます。

本章ではまだパッケージをimportしていないので、たとえば以下のgo getは実行しても意味がありません。

```
$ go get github.com/fatih/color
```

11.3 パッケージ名

Goではパッケージ名は小文字の1単語で名付けることが推奨されています。たとえばbase64にエンコーディングするためのパッケージはencoding_base64でもencodingBase64でもなく、encoding/base64であるべきです。

またGoのパッケージ名には_を使えますが、一般的には使いません。使うのはテストコードを実装する際のパッケージ名foo_testくらいです。

勘違いしやすいのですが、go.modの先頭に記述されているのはモジュール名です。モジュール名とパッケージ名は一致していなくてもかまいません。本章で作成するライブラリをGitHub上で公開したとして、ユーザーが以下のようにimportしたとしても、ソースコード内ではhsdとして扱えます。

```
package main

import (
    "github.com/mattn/go-hsd"
)
```

もし気になるのであれば以下のように別名を付けてimportするのでも良いでしょう。

```
package main

import (
    hsd "github.com/mattn/go-hsd"
)
```

11.4 実装

それでは実装を始めましょう。テキストエディタを起動し、ファイルを作成します。ファイル名は前述のとおり、1単語で表します。Hamming String Distancの頭文字を取りhsd.goとします（**リスト11.1**）。

リスト11.1　hsd.go

```
package hsd

func StringDistance(lhs, rhs string) int {
    return Distance([]rune(lhs), []rune(rhs))
}

func Distance(a, b []rune) int {
    dist := 0
    if len(a) != len(b) {
        return -1
    }
    for i := range a {
        if a[i] != b[i] {
            dist++
        }
    }
    return dist
}
```

ソースコードはとても簡単です。ビルドしてみましょう。

```
$ go build
```

エラーなくビルドされたはずです。この時点で、ソースコードをgitリポジトリに追加してコミットしておくと良いでしょう。

```
$ git init
$ git add go.mod go.sum main.go
$ git commit -am 'first import'
```

さてgo buildを実行してディレクトリの中を見ても、オブジェクトファイルなどが存在しないことに気づくと思います。main関数があるコマンドラインアプリケーションと異なり、ライブラリの場合、ビルド結果はカレントディレクトリに生成されません。ビルド結果は以下のコマンドを実行した際に表示されるキャッシュディレクトリに格納されています。

```
$ go env GOCACHE
```

ただし通常は見にいくことはありません。ディスクが圧迫してきたら以下のコマンドでクリアしても良いでしょう。

```
$ go clean --modcache
```

このコマンドを実行すると、ユーザーが保持しているbuildやtestのキャッシュをすべて削除してくれます。

11.5 バージョニング

Goのモジュールは、リポジトリにgit pushし、タグ付けすることで公開となります。タグはセマンティックバージョンでなければなりません。ここまでの説明では、まだGitHubリポジトリを作っていません。まずはGitHubリポジトリを作成しましょう。https://github.com/newをブラウザで開き、リポジトリを作ります（図11.1）。

図11.1 GitHubで新しいリポジトリを作成する

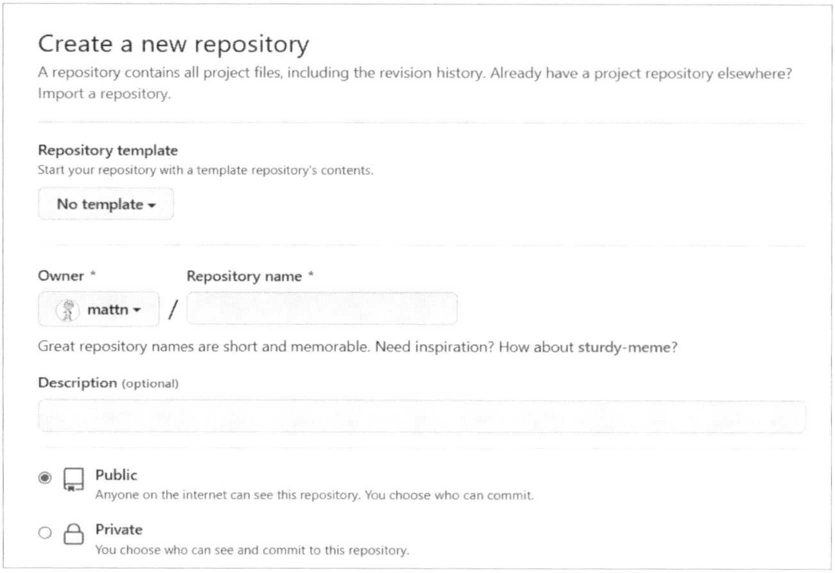

Create a new repository
A repository contains all project files, including the revision history. Already have a project repository elsewhere? Import a repository.

Repository template
Start your repository with a template repository's contents.
No template ▾

Owner * Repository name *
mattn ▾ /
Great repository names are short and memorable. Need inspiration? How about sturdy-meme?

Description (optional)

Public
Anyone on the internet can see this repository. You choose who can commit.

Private
You choose who can see and commit to this repository.

リポジトリ名は前述のとおりgo-hsdとしました。

COLUMN

GitHubのワンポイントTips

リポジトリの作成にはGitHub社が開発しているghコマンド[注11.A]を利用すると便利です。

```
$ gh repo create
```

プライベートリポジトリを作成するのであれば以下を実行します。

```
$ gh repo create --private
```

ghコマンドを使うと、リポジトリの作成だけでなくpull-requestのブランチをチェックアウトすることもできます。

```
$ gh pr checkout 353
```

とても便利に使えるのでインストールしておくと良いでしょう。

注11.A https://github.com/cli/cli

リポジトリを作成したらローカルリポジトリでリモートを登録し、pushします。

```
$ git branch -M main
$ git remote add origin git@github.com:mattn/go-hsd.git
$ git push -u origin main
```

※前述のgh repo createを実行するとこの手順が省略できます。

ブラウザからリポジトリを作成する際に、PublicにするかPrivateにするかを聞かれます。これは各個人の開発スタイルによる話ですが、他のユーザーにOSSを公開する際には、ある程度動く状態になってから公開したいと思う人と、途中段階でも公開してしまいたいと思う人の2種類がいます。前者であればPrivateでリポジトリを作成しておき、`git push`しつつ、ある程度動くようになってからリポジトリをPublicに変更するという方法を取ると良いでしょう。

Goのプロジェクトでgitのタグを打つということは、他のユーザーが`go get`した際の「最新バージョンを固定する」ことを意味します。先進的な実装をmainブランチには取り込みたいけれどユーザーには安定バージョンを使ってほしい、といった場合にはgitタグを打つと良いでしょう。以下のように実行してソースとタグをpushします。

```
$ git push origin main
$ git tag v0.0.1
$ git push --tags
```

また、自分のプロジェクトが依存しているモジュールのセマンティックバージョンを更新するには以下を実行します。

```
$ go get -u モジュール名
```

これを実行すると、指定したモジュールのマイナーバージョン、およびパッチレベルバージョンが最新に更新されます。go.modで管理しているすべてのモジュールを更新するのであれば以下を実行します。

```
$ go get -u ./...
```

ただし`go get -u`は、モジュールのメジャーバージョンアップは行いません。メジャーバージョンアップをするには以下を実行します。

```
$ go mod edit -replace=モジュール名@v=モジュール名@v
```

`go mod`の中でGoのメジャーバージョンを指定する方法には2通りあり、パッケージの作者は使い分けることができます。1つはこの`git mod`を使ってモジュールのバージョンを指定する方法。

11

もう1つはパス形式で指定する方法です。メジャーバージョンに限り、ソースコード内でモジュール名の後ろにメジャーバージョンのパスを指定してimportすることができます。

```
import "github.com/labstack/echo/v4"
```

この場合、プロジェクト内で使っているパッケージがメジャーバージョンアップした際にはソースコードを修正してv5に変更することになります。

なお、バージョンを下げる場合もメジャーバージョンアップのときと同じです。`go mod edit -replace`を使って古いバージョンを指定することになります。

11.6 テスト

当然ですがテストを書きましょう。

```
package hsd

import (
    "testing"
)

func TestStringDistance(t *testing.T) {
    got := StringDistance("foo", "foh")
    want := 1
    if got != want {
        t.Fatalf("expected: %v, got %v:", want, got)
    }
}
```

テストが動作することも確認しておきます。

```
=== RUN   TestStringDistance
--- PASS: TestStringDistance (0.00s)
PASS
ok      github.com/mattn/go-hsd 0.291s
```

ここでは簡単にテストを書きましたが、Table Driven Testを使ってきちんとテストを実装するには第7章を参照してください。

11.7 ドキュメント

パッケージを公開する場合、利用者に対してその使い方などを説明する必要があります。リポジトリにREADME.mdなどを含めておくのでも良いのですが、Goにはドキュメントを公開するしくみが用意されています。

例として**リスト11.2**のソースコードを用意します。

リスト11.2 go docのためのドキュメントの例

```
// Package foo provide functions for example.
package foo

// Add returns a plus b.
func Add(a, b int) int {
    return a + b
}

// Sub returns a minus b.
func Sub(a, b int) int {
    return a - b
}
```

packageの上段に書かれているコメント行は、パッケージを説明するために使われます。また関数名の上段に書かれているコメントは関数を説明するために使われます。どちらも複数行でもかまいません。

Goにはドキュメントを表示する方法が3つあります。

go docの使い方

Goをインストールすると標準で`go doc`コマンドを利用できます。パッケージのディレクトリのルートディレクトリで実行すると、以下が表示されます。

```
$ go doc
package foo // import "github.com/mattn/foo"

Package foo provide functions for example.
```

```
func Add(a, b int) int
func Sub(a, b int) int
```

関数Addのドキュメントを参照したい場合には以下を実行します。

```
$ go doc Add
package foo // import "."

func Add(a, b int) int
    Add returns a plus b.
```

コマンドラインから利用できるため、Vimのようなテキストベースのエディタを利用している人には便利でしょう。

godocの使い方

Goにはもう1つ、ドキュメント閲覧用コマンドが存在します。それがgodocです。godocは、もともとは標準で付属していたツールです。以下のコマンドでインストールします。

```
$ go install golang.org/x/tools/cmd/godoc@latest
```

パッケージのディレクトリのルートディレクトリで実行すると、Webサーバが起動します。

```
$ godoc
```

ブラウザでhttp://localhost:6060を開くと標準パッケージとサードパーティのパッケージのドキュメントが表示されます（図11.2）。

図11.2　godocの表示例

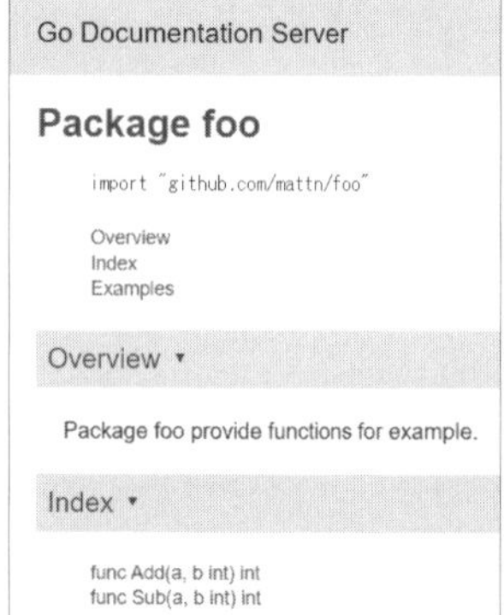

https://pkg.go.dev/で閲覧する

GitHubにリポジトリを作成し、Goのパッケージをpushするとパッケージがインデックスされ、ミラーリングされます。これによりgo getコマンドでパッケージを取り寄せる際は、内部的にはミラーサーバからパッケージのソースがダウンロードされることになります。

さらに、インデックスされたパッケージはGoオフィシャルのパッケージドキュメントサイトでドキュメントを閲覧できるようになります。たとえば、筆者が公開しているパッケージgo-colorableのドキュメントはhttps://pkg.go.dev/github.com/mattn/go-colorableから参照することができます。

ただし、開発中にドキュメントを参照する用途であれば、最近のIDEでは入力中に表示されるポップアップにより、その関数のドキュメントが表示されるので(**図11.3**)、簡単なものであればブラウザを起動するまでもありません。

図11.3 IDEでのドキュメントのポップアップ

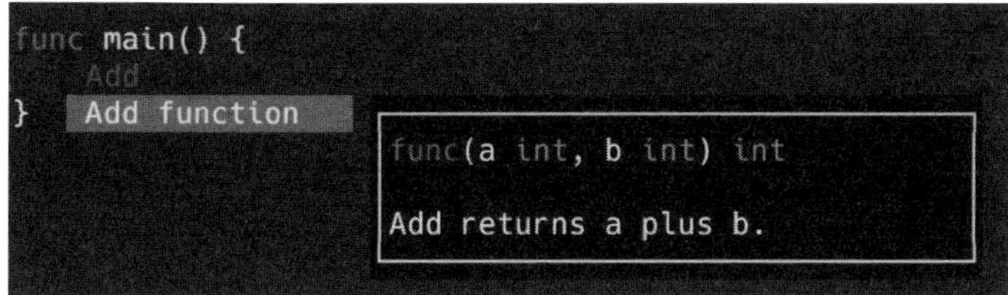

11.8 ディレクトリ構成

ディレクトリ構成はユーザーによってさまざまなスタイルがあります。どれが正しいということはありませんが、筆者はGoのオフィシャルが提供するスタイル、またはGoのコミッタが使っているスタイルを参考にするのをお勧めします。

Goのオフィシャルやコミッタの人たちが使うスタイルは、おおよそ以下のようなディレクトリ構成です。

```
├── cmd
│   ├── tool1
│   │   └── main.go
│   └── tool2
│       └── main.go
├── examples
│   ├── ex1
│   │   └── main.go
│   ├── ex2
│   │   └── main.go
│   ├── go.mod
│   └── go.sum
├── foo.go
├── foo_linux.go
├── foo_windows.go
├── foo_test.go
├── example_test.go
├── go.mod
└── go.sum
```

このモジュールのディレクトリ構成では、リポジトリのルートディレクトリでパッケージを提供し、cmd/tool1やcmd/tool2でそのパッケージを使用したツールを提供します。

まず、foo.goがパッケージ本体です。そしてfoo_test.goがテストコード。そしてexample_test.goがExample形式のテストコードです。Example形式のテストは通常のテストと少し異なります。

```
package foo

import (
    "fmt"
)

func ExampleFoo() {
    result := Add(1, 2)
    fmt.Printf("Add(1, 2) is %v\n", result)
    // Output: Add(1, 2) is 3
}
```

Exampleテストはfmt.Printlnやfmt.Printfなどを実行して実際に標準出力された文字列が、コメント行`// Output:`の中身と同じかどうかでテストの成功失敗が判定されます。

それだけではなく、Exampleテストはドキュメントとしても活用されます。Goのミラーサーバにインデックスされると、Exampleテストはhttps://pkg.go.dev/で実行が可能になります。https://pkg.go.dev/github.com/mattn/anko@v0.1.9/vmは筆者が開発しているスクリプト言語Ankoのドキュメントページですが、Exampleを［Run］ボタンで実行することができます。これはソースコードを少し変更して実際に試してみるのにも便利です（図11.4）。

図11.4　https://pkg.go.dev/のExampleテスト

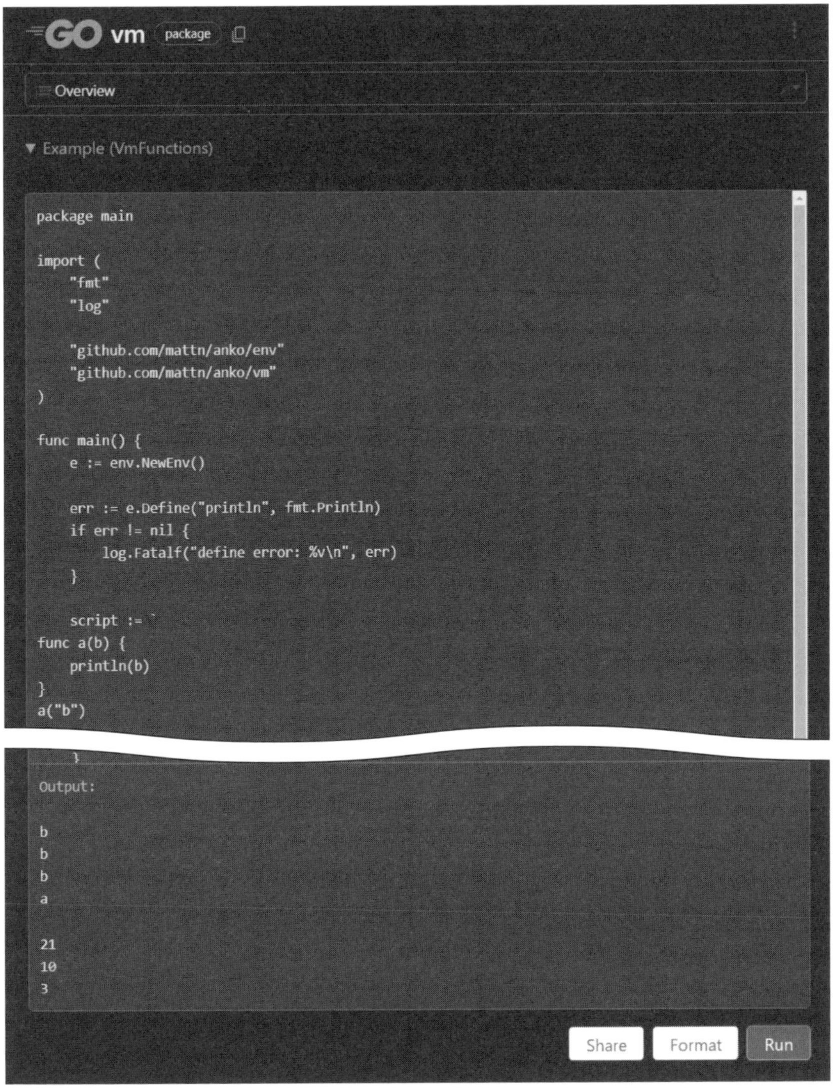

```
GO vm package

Overview

▼ Example (VmFunctions)

package main

import (
	"fmt"
	"log"

	"github.com/mattn/anko/env"
	"github.com/mattn/anko/vm"
)

func main() {
	e := env.NewEnv()

	err := e.Define("println", fmt.Println)
	if err != nil {
		log.Fatalf("define error: %v\n", err)
	}

	script := `
func a(b) {
	println(b)
}
a("b")
```

```
	}
Output:

b
b
b
a

21
10
3

Share  Format  Run
```

11.9 自動テスト

Goに限らずですが、ローカルで開発した場合にはビルドされるのはその開発端末での結果になります。当然ながらWindowsでビルドすればWindows向けのソースコードだけがビルド対象になります。前述のソース構成では、ビルドに使われるのは以下のうちfoo.goとfoo_windows.goだけです。

- foo.go
- foo_linux.go
- foo_windows.go
- foo_test.go

たとえば、WindowsとLinuxの双方を共通的に呼び出す関数のインターフェースを変更し、コンパイルエラーの出たWindowsのソースコードだけを修正した場合、開発者はLinuxのビルドが壊れてしまったことに気づくことができません。それは、テストコードがあったとしても、です。

そこで便利なのがGitHub Actionsによる継続的インテグレーション(CI：Continuous Integration)です。GitHub ActionsはGitHub社が提供するCI/CDのためのプラットフォームであり、GitHubユーザーであれば基本、無料で使うことができます。GitHub Actionsを使うことで、手元にLinuxやmacOSを用意しなくても、GitHubが提供するWindows、Linux、macOS上でテストを実施することができます。

GitHub Actionsを使うにはまず、リポジトリに以下のフォルダを作成します。

```
$ mkdir -p .github/workflows
```

次に**リスト11.3**のYAMLファイル(.github/workflows/test.yaml)を作成します。

リスト11.3 CIのためのGitHub Workflow

```
name: Test
on:
  push:
    branches:
      - main
  pull_request:
    branches:
      - main
```

```
jobs:
  test:
    strategy:
      matrix:
        os: [windows-latest, macos-latest, ubuntu-latest]
        go: ["1.17", "1.18", "1.19", "1.20"]
    runs-on: ${{ matrix.os }}
    steps:
      - uses: actions/checkout@v2
      - uses: actions/setup-go@v2
        with:
          go-version: ${{ matrix.go }}

      - run: go test ./...
      - run: go test -bench . -benchmem
```

このファイルをgitで追加してGitHubに`git push`するだけで準備は完了です。このGitHub Workflowを準備すると、以降はmainブランチに対してpushするだけで各OS上でテストが実行されます。

11.10 自動リリース

開発が進んだら、パッケージが提供するコマンドラインアプリケーションを配布したくなるはずです。できればユーザーには、Goコンパイラでビルドする手間を与えずに、ビルドされた実行ファイルだけを配布したいものです。

そこで使うのがGitHub Actionsによる継続的デリバリー(CD：Continuous Delivery)です。GitHub Actionsを使うことで、手元でビルドしなくてもGitHubのサーバ上で実行ファイルをビルドし、リリース物としてダウンロード可能にすることができます。

前述したフォルダ.github/workflowsに、**リスト11.4**のYAMLファイル(.github/workflows/release.yaml)を作成します。

リスト11.4　CDのためのGitHub Workflow

```
name: Release
on:
  push:
    tags:
    - 'v*'
```

```
jobs:
  release:
    name: Release
    runs-on: ubuntu-latest
    steps:
      - name: Checkout
        uses: actions/checkout@v2
        with:
          fetch-depth: 0
      - name: Setup Go
        uses: actions/setup-go@v2
        with:
          go-version: 1.x
      - name: Run GoReleaser
        uses: goreleaser/goreleaser-action@v2
        with:
          version: latest
          args: release --rm-dist
        env:
          GITHUB_TOKEN: ${{ secrets.GITHUB_TOKEN }}
```

このファイルをgitで追加し、GitHubに`git push`するだけで準備は完了です。

このGitHub Workflowを準備すると、以降はタグをpushするだけで、ビルドされた実行ファイルがGitHubリポジトリにある、Releaseにタグを打ったセマンティックバージョンごとにアップロードされます。実際にリリースする場合は以下のように、`git tag`を実行し、GitHubにpushします。

```
$ git push origin main
$ git tag v0.0.5
$ git push --tags
```

あとはGitHub Actionsがタグの付与を検知し、ビルドされた実行ファイルがGitHubリリース物としてアップロードされます。

11.11 まとめ

GitHubを使ったGoの開発方法を解説しました。GitHubで開発すると、他のユーザーからpull-requestをもらったり、バグを報告してもらえたりなど、たくさんのメリットが得られます。GitHubを使ったことがない読者の方は、ぜひアカウントを作ってOSSを公開してみてください。

第12章

データベースの扱い方

本章ではGoからデータベースを扱う方法を紹介します。第9章ではすでにデータベースを扱うアプリケーションを作成していますが、本章ではそこから一歩進んで、Goからデータベースを扱うテクニックと、ORMを使った手法をもう少し詳しく解説します。

12.1 database/sql

Goのdatabase/sqlパッケージはRDBMSを抽象的に表現したインターフェースを提供しています。ですのでdatabase/sqlだけでは何もできません。database/sqlが提供するdriverインターフェースに従って開発された「データベースドライバ」を使う必要があります。Goオフィシャルとしてはいずれのドライバも開発していません。Goからデータベースを扱うには、サードパーティ製のドライバを使う必要があります。

サードパーティドライバ

SQLデータベースを扱うプログラムではdatabase/sqlのimportと、ドライバとなるパッケージのブランクimport (_を付ける) が必要になります。複数のデータベースドライバを扱うのであれば、それぞれのimportが必要となります。

Goから扱えるSQLデータベースドライバの一覧は公式のWiki[注12.1]から参照できます。

たとえば、SQLite 3ひとつ取ってもいくつかドライバがあります。現状、SQLite 3を扱う際のドライバとしては、筆者のgo-sqlite3が一般的に使われているようです (cgoを使っているのでビルドにはCコンパイラが必要です)。

Wikiの中に [*] のマークがついているものは、Goオフィシャルチームが動作確認を行っているドライバです (**表12.1**)。database/sqlの修正を行う際に、サードパーティドライバの動作を壊してしまわないかを確認しています。筆者のドライバもその対象となっています。

表12.1　Goオフィシャルチームが動作確認を行っているドライバ

データベース	ドライバのリポジトリ
MySQL	https://github.com/go-sql-driver/mysql
	https://github.com/ziutek/mymysql
PostgresSQL (pure Go)	https://github.com/lib/pq
	https://github.com/jackc/pgx
SQLite (uses cgo)	https://github.com/mattn/go-sqlite3

注12.1 https://github.com/golang/go/wiki/SQLDrivers

筆者の経験上、MySQLであればgithub.com/go-sql-driver/mysql、PostreSQLであればgithub.com/lib/pqを使っておくと、情報量も多く、問題が発生することが少ないと思います。

WikiのSQLite 3ドライバの中にはpure goと書かれているドライバmodernc.org/sqlite[注12.2]があります。こちらのドライバはビルド時にCコンパイラが不要です。SQLite 3のC言語のソースコードを中間コードのままコンパイルし、Goのコードに落とし込んだうえでVMとして実行することにより、Cコンパイラを不要にしています。ただし、VMとして動作する仕様上、go-sqlite3などネイティブなドライバに比べて処理速度が落ちてしまいます。また、SQLite 3が持っているいくつかの機能をサポートしていないという点に注意が必要です。第9章で作成したプログラムではSQLite 3のFTS4という全文検索機能を使いました。本書の執筆時点でmodernc.org/sqliteはFTS4をサポートしていないため、使用できませんでした。

このように、複数あるデータベースドライバの中から用途に合ったドライバを選ぶ必要がありますが、database/sqlのインターフェースから使えるドライバを選ぶことで、データベース操作は統一されたコードで書くことができるようになりますし、たとえばPostgreSQLで動いていたプログラムをSQLite 3でも動作するように変更する際にも、それほど大きな修正が必要になることはありません。

Query/QueryRow

リスト12.1の例ではPostgreSQLを扱うプログラムを想定しています。

リスト12.1　database/sqlのQueryの使用例

```
package main

import (
    "database/sql"
    "log"

    _ "github.com/lib/pq"
)

func main() {
    db, err := sql.Open("postgres", "postgres://postgres:postgres@dbserver/database")
    if err != nil {
        log.Fatal(err)
    }
    defer db.Close()

    id := 3
```

注12.2 https://modernc.org/sqlite

```
    rows, err := db.Query(`SELECT name, age FROM users WHERE id < $1`, id)
    if err != nil {
        log.Fatal(err)
    }
    defer rows.Close()

    for rows.Next() {
        var name string
        var age int
        err = rows.Scan(&name, &age)
        if err != nil {
            log.Fatal(err)
        }
        fmt.Printf("name=%v, age=%v\n", name, age)
    }
}
```

SELECTを実行する場合には、まずQueryでステートメントを作成し、Nextを呼び出してレコードをフェッチ、Scanで値を抽出する流れになります。もしフェッチの件数が1件の場合にはQueryRowを使います(**リスト12.2**)。

リスト12.2　database/sqlのQueryRowの使用例

```
var name string
var age int
err = db.QueryRow(`SELECT name, age FROM users WHERE id = $1`, id).Scan(&name, &age)
if err != nil {
    log.Fatal(err)
}
fmt.Printf("name=%v, age=%v\n", name, age)
```

この場合、Scanの失敗だけでなくQueryRowで抽出結果がない場合にもエラーとなります。

Query/QueryRowはバインドする値を引数で与え、Scanは抽出結果をGoの値として取れますが、型がマッチしている必要があります。おおよそ型変換は行われますが、数値型の抽出結果をstringでScanして値が得られるかどうかは、データベースドライバしだいです。

Query/QueryRow、いずれもcontextを取る関数が用意されているため、遅いクエリを途中でキャンセルすることもできます(ドライバにより実装していない場合もあります)。

```
ctx, cancel := context.WithTimeout(context.Background(), 3*time.Second)
defer cancel()
rows, err := db.QueryContext(ctx, `SELECT name, age FROM users WHERE id < $1`, id)
if err != nil {
    log.Fatal(err)
}
```

Exec

INSERTやDELETEを実行する場合はExecを使います（**リスト12.3**）。

リスト12.3　database/sqlのExecの使用例

```
err := db.Exec(`UPDATE users SET name = $1 WHERE id = $2`, name, id)
if err != nil {
    log.Fatal(err)
}
```

Query/QueryRowと同じくExecContextが用意されているのでキャンセルを処理できます。

Prepare

複数のクエリや実行を扱いたい場合のために、ステートメントを先に作成しておくことができるPrepareがあります（**リスト12.4**）。

リスト12.4　database/sqlのPrepareの使用例

```
stmt, err := db.Prepare(`SELECT name, age FROM users WHERE id < $1`)
if err != nil {
    log.Fatal(err)
}
err = stmt.QueryRow(id).Scan(&name, &age)
if err != nil {
    log.Fatal(err)
}
fmt.Printf("name=%v, age=%v\n", name, age)
```

この場合、すでにパースされたステートメントを使いまわすことができます。2回目以降のQuery/QueryRow実行時にSQLのパースの必要がないため、パフォーマンスを良くすることができます。

Begin/Commit/Rollback

database/sqlはトランザクションも扱えます。複数の更新を行ったあと、CommitしたりRollbackしたりすることができます（**リスト12.5**）。

リスト12.5　database/sqlでトランザクションを扱う

```
tx, err := db.Begin()
if err != nil {
    return err
}
defer tx.Rollback()
result, err := tx.Exec(`INSERT INTO users(name, age) VALUES($1, $2)`, "Fred", 41)
if err != nil {
    return err
}
if affected, err := result.RowsAffected(); err != nil {
    return err
} else if affected == 0 {
    return errors.New("no record affected")
}
tx.Commit()
```

db.Execではなくtx.Execを実行しなければならないことに留意してください。おおよそいずれのRDBMSでも動作しますが、トランザクションレベルのサポート状況は各RDBMSにより異なります。トランザクションは扱う前に、ドライバのサポート状況を調べておくと良いでしょう。

12.2 ent/ent

Ent (ent/ent) はFacebook社が開発しているORMです。高度に構造化されており、モデルとクライアントを分離しつつ、IDEと親和性の良いインターフェースを提供しています。

entでデータベースを扱うにはまずスキーマを定義する必要があります。entのツールを使ってまずはディレクトリ構造を作成します。

```
$ mkdir todo
$ cd $_
$ go mod init todo
```

そして以下を実行すると**リスト12.6**のファイル (ent/schema/todo.go) が生成されます。

```
$ go run -mod=mod entgo.io/ent/cmd/ent init Todo
```

リスト12.6 ent/schema/todo.go

```
package schema

import "entgo.io/ent"

// Todo holds the schema definition for the Todo entity.
type Todo struct {
    ent.Schema
}

// Fields of the Todo.
func (Todo) Fields() []ent.Field {
    return nil
}

// Edges of the Todo.
func (Todo) Edges() []ent.Edge {
    return nil
}
```

このFieldsに**リスト12.7**のようにフィールドを足していきます。

リスト12.7 リスト12.6の// Fields of the Todo.部分を変更

```
func (Todo) Fields() []ent.Field {
    return []ent.Field{
        field.Text("text").
            NotEmpty(),
        field.Time("created_at").
            Default(time.Now).
            Immutable(),
        field.Enum("status").
            NamedValues(
                "InProgress", "IN_PROGRESS",
                "Completed", "COMPLETED",
            ).
            Default("IN_PROGRESS"),
        field.Int("priority").
            Default(0),
    }
}
```


プロジェクトフォルダのルートから以下を実行します。

```
$ go generate ./ent
```

するとentディレクトリの中に、Todoを操作するためのCRUD APIが生成されます。あとはent.

Openでクライアントを作成し、Todoを操作できるようになります(**リスト12.8**)。

リスト12.8 CRUD APIの処理を実装

```
client, err := ent.Open("postgres", "postgres://postgres:postgres@localhost/test?ssl
mode=disable")
if err != nil {
    log.Fatal(err)
}
defer client.Close()

// スキーマ作成（マイグレーション）
err := db.Schema.Create(context.Background()
if err != nil {
    log.Fatalf("failed creating schema resources: %v", err)
}

// Todoを列挙
for _, e := range client.Todo.Query().AllX(context.Background()) {
    fmt.Println(e.Text)
}

// Todoを作成
_, err = client.Todo.Create().SetText("Go言語を学ぶ").Save(context.Background())
if err != nil {
    log.Fatalf("failed creating a todo: %v", err)
}
```

OpenAPI連携

Entは Goの静的解析のしやすさを活かし、いろいろな周辺ツールと連携できます。たとえば、OpenAPI仕様のAPIも生成できます。entが生成したディレクトリの中でent/generate_openapi.goというファイルを作り、**リスト12.9**のようにして保存します。

リスト12.9 ent/generate_openapi.go

```
//go:build ignore
// +build ignore

package main

import (
    "log"

    "entgo.io/contrib/entoas"
    "entgo.io/ent/entc"
    "entgo.io/ent/entc/gen"
```

```
)

func main() {
    ex, err := entoas.NewExtension()
    if err != nil {
        log.Fatalf("creating entoas extension: %v", err)
    }
    err = entc.Generate("./schema", &gen.Config{}, entc.Extensions(ex))
    if err != nil {
        log.Fatalf("running ent codegen: %v", err)
    }
}
```

さらにent/generate.goを開いて以下のように修正します（2つめのgo:generateを追加）。

```
package ent

//go:generate go run -mod=mod entgo.io/ent/cmd/ent generate ./schema
//go:generate go run -mod=mod generate_openapi.go
```

以下のコマンドを実行するとopenapi.jsonが生成されます。

```
$ go generate ./ent
```

生成されたent/openapi.jsonは以下のとおりです。

```
{
  "openapi": "3.0.3",
  "info": {
    "title": "Ent Schema API",
    "description": "This is an auto generated API description made out of an Ent schema
 definition",
    "version": "0.1.0"
  },
  "paths": {
    "/todos": {
      "get": {
        "tags": [
          "Todo"
        ],
        "summary": "List Todos",
        "description": "List Todos.",
        "operationId": "listTodo",
        ...
```

生成されたopenapi.jsonを使ってWeb APIを作ってみます。以下のコマンドを実行してoapi.goを生成します。

```
$ go install github.com/deepmap/oapi-codegen/cmd/oapi-codegen@latest
$ oapi-codegen -package main -generate server -old-config-style ent/openapi.json >
 oapi.go
```

あとは生成されたoapi.goと同じディレクトリに、**リスト12.10**のWebサーバのソースを置けば、それだけでデータベースのテーブルをCRUDできるWeb APIが完成します。

リスト12.10　oapi.goに対応するWebサーバ

```
package main

import (
    "context"
    "database/sql"
    "encoding/json"
    "errors"
    "log"
    "os"

    "todo/ent"
    "todo/ent/todo"

    "github.com/labstack/echo/v4"
    _ "github.com/lib/pq"
)

type Api struct {
    client *ent.Client
}

type ListTodoParams struct {
    Page         *int
    ItemsPerPage *int
}

func (a *Api) ListTodo(ctx echo.Context, params ListTodoParams) error {
    page := 0
    if params.Page != nil {
        page = *params.Page
    }
    itemsPerPage := 5
    if params.ItemsPerPage != nil {
        itemsPerPage = *params.ItemsPerPage
    }
    ees, err := a.client.Todo.Query().
        Order(ent.Desc(todo.FieldID)).
        Offset(page * itemsPerPage).
        Limit(itemsPerPage).
        All(context.Background())
```

```
    if err != nil {
        log.Println(err)
        return echo.ErrBadRequest
    }
    return ctx.JSON(200, ees)
}

func (a *Api) CreateTodo(ctx echo.Context) error {
    var ee ent.Todo
    err := json.NewDecoder(ctx.Request().Body).Decode(&ee)
    if err != nil {
        log.Println(err)
        return echo.ErrBadRequest
    }
    e := a.client.Todo.Create().
        SetText(ee.Text).
        SetStatus(ee.Status).
        SetPriority(ee.Priority)
    if !ee.CreatedAt.IsZero() {
        e.SetCreatedAt(ee.CreatedAt)
    }
    if ee2, err := e.Save(context.Background()); err != nil {
        log.Println(err)
        return echo.ErrBadRequest
    } else {
        ee = *ee2
    }
    return ctx.JSON(200, ee)
}

func (a *Api) DeleteTodo(ctx echo.Context, id int) error {
    e := a.client.Todo.DeleteOneID(int(id))
    err := e.Exec(context.Background())
    if err != nil {
        log.Println(err)
        return echo.ErrBadRequest
    }
    return nil
}

func (a *Api) ReadTodo(ctx echo.Context, id int) error {
    e, err := a.client.Todo.Get(context.Background(), int(id))
    if err != nil {
        if errors.Is(err, sql.ErrNoRows) {
            return echo.ErrNotFound
        }
        log.Println(err)
        return echo.ErrBadRequest
    }
    return ctx.JSON(200, e)
```

```
}

func (a *Api) UpdateTodo(ctx echo.Context, id int) error {
    var ee ent.Todo
    err := json.NewDecoder(ctx.Request().Body).Decode(&ee)
    if err != nil {
        log.Println(err)
        return echo.ErrBadRequest
    }
    e := a.client.Todo.UpdateOneID(int(id)).
        SetText(ee.Text).
        SetStatus(ee.Status).
        SetPriority(ee.Priority)
    if ee2, err := e.Save(context.Background()); err != nil {
        log.Println(err)
        return echo.ErrBadRequest
    } else {
        ee = *ee2
    }
    return ctx.JSON(200, ee)
}

func main() {
    client, err := ent.Open("postgres", os.Getenv("DATABASE_URL"))
    if err != nil {
        log.Fatalf("failed opening connection to sqlite: %v", err)
    }

    client.Schema.Create(context.Background())

    e := echo.New()
    myApi := &Api{client: client}
    RegisterHandlers(e, myApi)
    e.Static("/", "static")
    e.Logger.Fatal(e.Start(":8989"))
}
```

このほかにもEntには、ER図やドキュメントを生成できるコード生成処理がいくつかあります。詳しくはEntのドキュメントサイト[注12.3]を参照してください。

entgen

Entは空のデータベースからコードによるスキーマを定義し、そこからテーブルを構築するフレー

注12.3 https://entgo.io/ja/docs/getting-started/

ムワークですが、既存のテーブルと連携することもできます。筆者が開発しているentgen[注12.4]を使うと、既存のテーブルからEntのスキーマを生成することができます。

12.3 ORMベンチマーク

表12.2に挙げるORMのベンチマークを計測しました。

表12.2 GoのORMのサポート状況

名前	MySQL	PostgreSQL	SQLite3	MSSQL	Oracle	URL
Beego	○	○	○	○	△	https://github.com/beego/beego
GORM	○	○	○	○	△	http://gorm.io/
XORM	○	○	○	○	○	http://xorm.io/
go-pg/pg	×	○	×	×	×	https://github.com/go-pg/pg
go-gorp/gorp	○	○	○	×	○	https://github.com/go-gorp/gorp
upper/db	○	○	○	○	×	https://github.com/upper/db
volatiletech/sqlboiler	○	○	○	○	×	https://github.com/volatiletech/sqlboiler
gocraft/dbr	○	○	○	○	×	https://github.com/gocraft/dbr
sqlx	○	○	○	×	○	http://jmoiron.github.io/sqlx/
genmai	○	○	○	×	×	https://github.com/naoina/genmai
ent	○	○	○	×	×	https://entgo.io/
bun	○	○	○	○	×	https://bun.uptrace.dev/

各ライブラリでのRDBMSのサポート状況は以下のマークで示しています。

○：サポート　△：サポートしているがサードパーティ　×：未サポート

操作は以下の5つです。

- 単一レコードのINSERT
- 複数レコードのINSERT

注12.4 https://github.com/mattn/entgen

- 単一レコードのUPDATE
- 単一レコードのSELECT
- 複数レコードのSELECT

以下の環境で計測しました。

- ベンチマーカー
  https://github.com/mattn/orm-benchmark
- 計測したサーバ
  Windows 11 (32GB) / Memory 2.5GHz / Ryzen 5

結果は以下のとおりです。

```
Reports:

  2000 times - Insert // 単一レコードのINSERT
        raw:      0.93s       465090 ns/op     680 B/op     18 allocs/op
 beego_orm:      1.02s       511489 ns/op    2400 B/op     57 allocs/op
         pg:      1.29s       645819 ns/op    1422 B/op     10 allocs/op
        dbr:      1.65s       826086 ns/op    2931 B/op     74 allocs/op
        ent:      1.74s       869079 ns/op    3626 B/op     91 allocs/op
       xorm:      1.79s       897100 ns/op    3249 B/op     99 allocs/op
       sqlx:      1.88s       939028 ns/op     856 B/op     19 allocs/op
        bun:      1.98s       992372 ns/op    5230 B/op     18 allocs/op
       gorp:      2.09s      1043984 ns/op    1700 B/op     44 allocs/op
       gorm:      2.31s      1155770 ns/op    7135 B/op     97 allocs/op
     genmai:      3.88s      1941381 ns/op    4564 B/op    152 allocs/op

   500 times - MultiInsert 100 row // 複数レコードのINSERT
        raw:      1.59s      3179764 ns/op  103909 B/op   1217 allocs/op
 beego_orm:      1.87s      3734252 ns/op  177776 B/op   2745 allocs/op
         pg:      2.77s      5536160 ns/op   20267 B/op    213 allocs/op
       sqlx:      2.78s      5552662 ns/op  170859 B/op   1551 allocs/op
       gorm:      3.09s      6174859 ns/op  229990 B/op   2313 allocs/op
     genmai:      3.21s      6426578 ns/op  183305 B/op   2969 allocs/op
       xorm:      3.26s      6522575 ns/op  284182 B/op   7436 allocs/op
        bun:      3.54s      7085526 ns/op   54891 B/op    224 allocs/op
        ent:      3.87s      7749111 ns/op  318290 B/op   4884 allocs/op
       gorp:     63.19s    126383796 ns/op  180770 B/op   4810 allocs/op
        dbr:      Not support multi insert

  2000 times - Update // 単一レコードのUPDATE
        raw:      0.56s       281055 ns/op     696 B/op     19 allocs/op
        dbr:      0.84s       420142 ns/op    2715 B/op     61 allocs/op
```

```
beego_orm:      1.10s        550138 ns/op     1785 B/op      47 allocs/op
     gorp:      1.16s        578485 ns/op     1329 B/op      39 allocs/op
       pg:      1.35s        677219 ns/op     1349 B/op      12 allocs/op
     xorm:      1.83s        914090 ns/op     3113 B/op     126 allocs/op
      bun:      1.86s        931706 ns/op     4752 B/op       7 allocs/op
     sqlx:      1.89s        945855 ns/op     1712 B/op      44 allocs/op
   genmai:      2.35s       1174536 ns/op     3562 B/op     149 allocs/op
     gorm:      2.71s       1355507 ns/op     7322 B/op      90 allocs/op
      ent:      3.21s       1603866 ns/op     4287 B/op     111 allocs/op

 4000 times - Read // 単一レコードのSELECT
      raw:      0.96s        240733 ns/op      872 B/op      25 allocs/op
beego_orm:      1.17s        293135 ns/op     2097 B/op      76 allocs/op
     gorm:      1.25s        312237 ns/op     4648 B/op      80 allocs/op
     sqlx:      1.32s        328798 ns/op     1704 B/op      36 allocs/op
      dbr:      1.40s        349839 ns/op     2600 B/op      61 allocs/op
      bun:      1.59s        397412 ns/op     6184 B/op      35 allocs/op
       pg:      1.68s        420440 ns/op     1294 B/op      22 allocs/op
     gorp:      2.37s        593559 ns/op     3384 B/op     185 allocs/op
     xorm:      3.12s        778806 ns/op     8542 B/op     252 allocs/op
   genmai:      3.24s        811064 ns/op     3946 B/op     195 allocs/op
      ent:      3.61s        902251 ns/op     4792 B/op     136 allocs/op

 2000 times - MultiRead limit 100 // 複数レコードのSELECT
     xorm:      1.43s        716217 ns/op     3041 B/op      87 allocs/op
      raw:      2.04s       1020358 ns/op    24664 B/op    1012 allocs/op
       pg:      2.75s       1373015 ns/op    23885 B/op     629 allocs/op
      dbr:      3.01s       1504387 ns/op    53128 B/op    1258 allocs/op
      bun:      3.37s       1685142 ns/op    34472 B/op    1136 allocs/op
   genmai:      3.40s       1701905 ns/op    43280 B/op    1286 allocs/op
     gorp:      3.76s       1881466 ns/op    44369 B/op    1484 allocs/op
beego_orm:      3.93s       1964473 ns/op    55239 B/op    3078 allocs/op
     gorm:      4.45s       2222824 ns/op    56115 B/op    2080 allocs/op
      ent:    226.39s     113195228 ns/op    62984 B/op    2099 allocs/op
     sqlx:      in preparation
```

結果を見るとraw、つまりdatabase/sqlのまま扱うのが一番効率が良く、次点でbeego_ormを使うのが良いようです。筆者がよく使うbunのような構造化に寄せたORMは速くはないので、どこまで安全性や利便性を優先するかのトレードオフと言えるでしょう。とくに、高度に構造化されたORMであるentは利便性が高い反面、パフォーマンスは優れておらず、とくに複数行のSELECTには弱い傾向があるようです(執筆時点の2022年11月での計測結果)。

ORMに限らず、プロジェクトで扱うライブラリの選定は、利便性やパフォーマンスだけではなく、今後長くメンテナンスされるかどうかも大きなポイントになるため、総合的な判断が必要です。

12.4 まとめ

Goのdatabase/sqlの使い方と、サードパーティのORMライブラリの使い方を解説しました。ORM選びは利用者の好き嫌いも影響しますが、トレンドを追って複数個を扱えるようにしておくと、用途によって使い分けることができます。

第13章

Goとクラウドサービス

Goはクラウドサービスでも利用が多い言語です。どのような点が相性の良さを生んでいるのかを解説しつつ、各クラウドサービスでの簡単な使い方を紹介します。

13.1 Goがなぜ使われるのか

Goはクラウドサービスでよく利用されています。理由はおもに以下に絞られます。

- シングルバイナリでデプロイがしやすい
- クロスコンパイルが容易
- メニーコア環境でスケールする

これらはクラウドサービスの利用者だけでなく、クラウドサービスの提供者としてもうれしい話で、SDKとしてGoのライブラリを提供することにより多くのユーザーに対して、スケールのしやすさをアピールすることができます。せっかくクラウドサービス側がCPUコア数を変更できるしくみを提供したとしても、利用者側が動かすアプリケーションが対応していなければ利用してもらえません。

著名なクラウドサービスとしてはGoogle Cloud、Amazon Web Service (AWS)、Microsoft Azure、Oracle Cloudなどがありますが、いずれのサービスにおいてもGoを利用することができます。

13.2 Google Cloud

Google Cloudで一番簡単にGoを利用する方法はCloud Runでしょう。事前にgcloud CLIをインストールしてログインしておく必要があります[注13.1]。

まず`go mod init`を実行してgo.modを生成します。

```
module github.com/mattn/google-cloud-run-example

go 1.19
```

そして**リスト13.1**の簡単なアプリケーションを実装します。

注13.1 https://cloud.google.com/sdk/docs/install?hl=ja

リスト13.1　Google Cloud用のサンプルアプリ

```
package main

import (
    "fmt"
    "log"
    "net/http"
    "os"
)

func main() {
    log.Print("starting server...")
    http.HandleFunc("/", func(w http.ResponseWriter, r *http.Request) {
        fmt.Fprintln(w, "Hello World")
    })

    port := os.Getenv("PORT")
    if port == "" {
        port = "8080"
    }

    log.Printf("listening on port %s", port)
    if err := http.ListenAndServe(":"+port, nil); err != nil {
        log.Fatal(err)
    }
}
```

net/httpで作ることができるWebサーバそのままです。あとはgcloudを使って以下を実行するだけです。

```
$ gcloud run deploy
```

数分すればインターネットから接続可能なWebサービスがデプロイされます(図13.1)。

図13.1　デプロイされたWebサービスにブラウザからアクセス

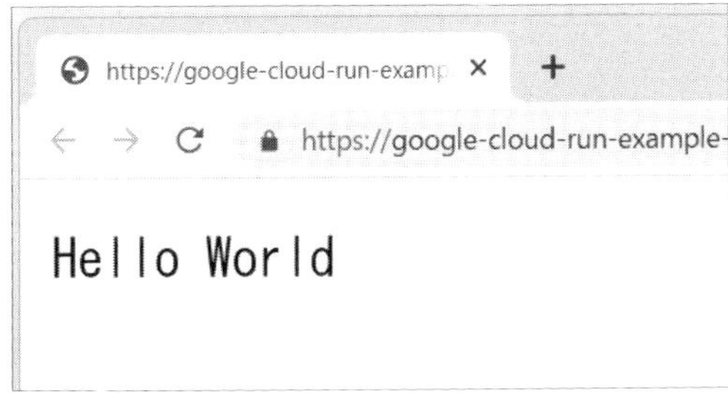

Google Cloud Runの良いところは、とくに専用のフレームワークなどを必要としないところです。ローカルPCでもコンパイルして実行できるので、デバッグもしやすいです。またgoogle/koを使うともっと簡単にデプロイすることができます。

```
$ gcloud run deploy --image=$(ko build ./cmd/app)
```

Google CloudではCloud Runだけでなく、Google Cloud Functionsや、Google Kubernetes Engine（GKE）など、Goが利用可能なクラウドサービスがたくさんあり、またそれらをGoから制御できるSDKも提供されています。GitHub[注13.2]でサンプルが提供されています。

13.3 AWS Lambda

AWSでもGoが利用できます。たとえば、AWS Lambdaで簡単にGoが扱えます。AWS Lambdaの場合は、実行ファイルをZIPで圧縮してそのZIPでアップロードする方式と、Amazon ECRにpushされたコンテナイメージをLambdaから参照する方式の2つがあります。

ZIPアップロード方式を使う場合はbuild-lambda-zipコマンドを使うと便利です。

```
$ go install github.com/aws/aws-lambda-go/cmd/build-lambda-zip@latest
```

GOOS=linux、GOARCH=amd64でビルドした実行ファイルをZIPファイルに格納します。**リスト13.2**のようにMakefileで手順化しておくと便利です。

リスト13.2　AWS LambdaへのZIPアップロードのMakefile

```
.PHONY: all update clean

all: main.zip

main.zip: main
    build-lambda-zip -output main.zip main

main: main.go
    GOOS=linux GOARCH=amd64 CGO_ENABLED=0 go build -v -ldflags '-d -s -w' -a -tags
 netgo -installsuffix netgo -o main main.go

update: main.zip
```

注13.2 https://github.com/GoogleCloudPlatform/golang-samples

```
	aws lambda update-function-code --function-name hello --zip-file fileb://main.zip

clean:
	rm -f main.zip main
```

ビルドしたZipファイルをLambdaにアップロードする前に、AWSマネージメントコンソールからLambda関数を作成しておきます（図13.2）。作成直後はハンドラ名が関数名と同じ「hello」になっていますので「main」に変更してください（関数名を「main」に変えないように注意）。

図13.2 Lambda関数を作成

あとは`make update`でデプロイできます。Lambdaを起動するには以下を実行してください。

```
$ aws lambda invoke --function-name hello output.json
```

またコンテナイメージ方式を使う場合は、前述のgoogle/koを使ってデプロイすることができます。

```
$ aws lambda update-function-code \
  --function-name=my-function-name \
  --image-uri=$(ko build ./cmd/app)
```

Goはスクリプト言語のようにランタイムを別途インストールする必要がなく、ビルドした実行ファイルをコンテナイメージに直接置くだけで良いため、デプロイ処理がずいぶん楽になります。

AWSのマネージメントコンソールでメモリ割り当てを変更するとCPUコア数も連動します。Go

13

はその設定内容に応じて、パラメータなどを変更しなくてもアプリケーションがスケールするようになっています。

13.4 Oracle Cloud

Oracle CloudでもGoは利用できます。以降ではOracle Cloud Functionでの利用方法を解説します。Oracle Cloud Functionsを利用するためにはFn Projectが提供するfnコマンド注13.3を使います。

fnコマンドを使ってプロジェクトを作成します。

```
$ fn init --runtime go hello
Creating function at: ./hello
Function boilerplate generated.
func.yaml created.

$ cd hello
```

生成されたfunc.goは**リスト13.3**のようになっています。

リスト13.3 func.go

```
package main

import (
    "context"
    "encoding/json"
    "fmt"
    "io"
    "log"

    fdk "github.com/fnproject/fdk-go"
)

func main() {
    fdk.Handle(fdk.HandlerFunc(myHandler))
}

type Person struct {
```

注13.3 https://github.com/fnproject/fn

```
    Name string `json:"name"`
}

func myHandler(ctx context.Context, in io.Reader, out io.Writer) {
    p := &Person{Name: "World"}
    json.NewDecoder(in).Decode(p)
    msg := struct {
        Msg string `json:"message"`
    }{
        Msg: fmt.Sprintf("Hello %s", p.Name),
    }
    log.Print("Inside Go Hello World function")
    json.NewEncoder(out).Encode(&msg)
}
```

Oracle Cloud Functionsは、Fn Projectの仕様をベースに構築されているため、fdkというライブラリを使用してアプリケーションを開発する必要があります。この関数を実行するにはアプリケーションをOracle Cloudに登録する必要がありますが、Oracle Cloud Functionsは執筆時点でfnコマンドからのアプリケーション登録を行うことができず、Webコンソール画面から作成します。ここではmy-appという名前にしました。

あとは以下のコマンドを実行してデプロイするだけです。

```
$ fn -v deploy --app my-app
```

作成したFunctionを実行するには以下を実行します。

```
$ fn invoke my-app hello
{"message": "Hello World"}
```

fnコマンドは標準入力を扱えるので、以下のようにファイルからJSONを入力して実行することもできます。

```
$ cat input.json
{
  "name": "mattn"
}

$ fn invoke my-app hello < input.json
{"message":"Hello mattn"}
```

以下のコマンドを実行した結果に含まれるfnproject.io/fn/invokeEndpointが指すURLが、トリガーとなるエンドポイントになります。

```
$ fn inspect function my-app hello
```

COLUMN

バイナリサイズを小さくする

Goはlibcに依存しない実行ファイルを生成します。そのためシングルバイナリであり、必然的に実行ファイルのバイナリサイズが大きくなります。デプロイが楽である、libcに依存しないことで異なるディストリビューションでも動作するなどのメリットもありますが、少しでもバイナリサイズが小さいに越したことはありません。

とくにコンテナイメージに格納する実行ファイルは、可搬性がありながらも可能な限りサイズが小さいほうが有利です。以下のDockerfileでは、Goが生成する実行ファイルからデバッグ情報やパス情報を取り除き、ビルド後の実行ファイルをUPXで圧縮することで小さくしています。

```
FROM golang:1.18-alpine AS build-env

WORKDIR /app
COPY go.mod .
COPY go.sum .
RUN apk add --no-cache upx || \
    go version && \
    go mod download
COPY . .
RUN CGO_ENABLED=0 go build -buildvcs=false -trimpath -ldflags '-w -s' -o /go/bin/myapp
RUN [ -e /usr/bin/upx ] && upx /go/bin/myapp || echo
FROM scratch
COPY --from=build-env /go/bin/myapp /go/bin/myapp
ENTRYPOINT ["/go/bin/myapp"]
```

マルチステージでscratchに対してアプリケーションの実行ファイルのみを配置することで、動作に不要なコンパイラなども除外しています。一見、地道な作業のように見えますが、コンテナイメージをpullする時間の短縮にも直結し、ひいてはアプリケーションの起動時間にも影響します。もしかすると年間コストにも影響するかもしれませんね。

13.5 まとめ

クラウドサービスでGoを使う方法を紹介しました。各クラウドサービスでのGoの利用方法は執筆時点のものであり、これからさらにGoが利用できる範囲が広がっていくものと思われます。Goはクラウドサービスで有利に働く優秀なランタイムを持ったプログラミング言語です。いずれのクラウドサービスも、Goを簡単に扱えるようになっています。エンドユーザーにとってもクラウドサービス運営側にとっても相性の良いGoはこれからも使われ続けていくと思います。

索引

カバーデザイン　トップスタジオデザイン室(轟木 亜紀子)
本文設計・組版　マップス　石田 昌治
編集　中田 瑛人

■お問い合わせについて

本書の内容に関するご質問につきましては、下記の宛先までFAXまたは書面にてお送りいただくか、弊社ホームページの該当書籍コーナーからお願いいたします。お電話によるご質問、および本書に記載されている内容以外のご質問には、いっさいお答えできません。あらかじめご了承ください。
また、ご質問の際には「書籍名」と「該当ページ番号」、「お客様のパソコンなどの動作環境」、「お名前とご連絡先」を明記してください。

お問い合わせ先
〒162-0846　東京都新宿区市谷左内町21-13
株式会社技術評論社　雑誌編集部
「Go言語プログラミングエッセンス」質問係
FAX:03-3513-6173

● 技術評論社Webサイト
https://gihyo.jp/book/2022/978-4-297-13419-8

お送りいただきましたご質問には、できる限り迅速にお答えするよう努力しておりますが、ご質問の内容によってはお答えするまでに、お時間をいただくこともございます。回答の期日をご指定いただいても、ご希望にお応えできかねる場合もありますので、あらかじめご了承ください。
なお、ご質問の際に記載いただいた個人情報は質問の返答以外の目的には使用いたしません。また、質問の返答後は速やかに破棄させていただきます。

Go(ゴー)言語(げんご)プログラミングエッセンス

2023年3月22日　初版　第1刷発行

著　者　mattn
発行者　片岡 巌
発行所　株式会社技術評論社
東京都新宿区市谷左内町21-13
電話　03-3513-6150　販売促進部
03-3513-6177　雑誌編集部
印刷／製本　昭和情報プロセス株式会社

ISBN978-4-297-13419-8 C3055
Printed in Japan